# 학습 스케줄표

공부한 날짜를 쓰고 학습한 후 부모님·선생님께 확인을 받으세요.

## 1주

| | 쪽수 | 공부한 날 | 확인 |
|---|---|---|---|
| 준비 | 6~9쪽 | 월 일 | |
| 1일 | 10~13쪽 | 월 일 | |
| 2일 | 14~17쪽 | 월 일 | |
| 3일 | 18~21쪽 | 월 일 | |
| 4일 | 22~25쪽 | 월 일 | |
| 5일 | 26~29쪽 | 월 일 | |
| 평가 | 30~33쪽 | 월 일 | |

## 2주

| | 쪽수 | 공부한 날 | 확인 |
|---|---|---|---|
| 준비 | 36~39쪽 | 월 일 | |
| 1일 | 40~43쪽 | 월 일 | |
| 2일 | 44~47쪽 | 월 일 | |
| 3일 | 48~51쪽 | 월 일 | |
| 4일 | 52~55쪽 | 월 일 | |
| 5일 | 56~59쪽 | 월 일 | |
| 평가 | 60~63쪽 | 월 일 | |

## 3주

| | 쪽수 | 공부한 날 | 확인 |
|---|---|---|---|
| 준비 | 66~69쪽 | 월 일 | |
| 1일 | 70~73쪽 | 월 일 | |
| 2일 | 74~77쪽 | 월 일 | |
| 3일 | 78~81쪽 | 월 일 | |
| 4일 | 82~85쪽 | 월 일 | |
| 5일 | 86~89쪽 | 월 일 | |
| 평가 | 90~93쪽 | 월 일 | |

## 4주

| | 쪽수 | 공부한 날 | 확인 |
|---|---|---|---|
| 준비 | 96~99쪽 | 월 일 | |
| 1일 | 100~103쪽 | 월 일 | |
| 2일 | 104~107쪽 | 월 일 | |
| 3일 | 108~111쪽 | 월 일 | |
| 4일 | 112~115쪽 | 월 일 | |
| 5일 | 116~119쪽 | 월 일 | |
| 평가 | 120~123쪽 | 월 일 | |

**Chunjae**
**Makes**
**Chunjae**

▼

| | |
|---|---|
| **기획총괄** | 박금옥 |
| **편집개발** | 윤경옥, 박초아, 김연정, 김수정, 조은영 |
| | 임희정, 이혜지, 최민주, 한인숙 |
| **디자인총괄** | 김희정 |
| **표지디자인** | 윤순미, 김지현, 심지현 |
| **내지디자인** | 박희춘, 우혜림 |
| **제작** | 황성진, 조규영 |
| | |
| **발행일** | 2023년 5월 15일 초판  2023년 5월 15일 1쇄 |
| **발행인** | (주)천재교육 |
| **주소** | 서울시 금천구 가산로9길 54 |
| **신고번호** | 제2001-000018호 |
| **고객센터** | 1577-0902 |

초등 문해력

독해가 힘이다

5-B 문장제 수학편

## 주별 Contents «

요즘 학생들은 책보다 스마트폰에 빠져 있고 모르는 어휘도 많아서 글을 읽고 이해하는 능력, 즉 문해력이 부족한 경우가 많아요.

수학 문제도 3줄이 넘어가면 아이들이 읽기 힘들어 하고 무슨 뜻인지 이해하지 못하는 경우가 많지요. 그래서 수학 문제를 푸는 데에도 **문해력**이 **필요해요!**

**〈초등문해력 독해가 힘이다 문장제 수학편〉**은 읽고 이해하여 문제해결력을 강화하는 수학 문해력 훈련서입니다.

매일 4쪽씩, 28일 학습으로 자기 주도 학습이 가능 해요.

《 수학 문해력을 기르는

# 준비 학습

---

**준비 학습 문해력 기초 다지기**
　　　　　　　　　　　　　　문장제에 적용하기

◇ 연산 문제가 어떻게 문장제가 되는지 알아봅니다.

**1** $\frac{9}{10} \times 15 = \boxed{\phantom{00}}$ ≫ $\frac{9}{10}$의 15배는 얼마인가요?

　　　　　　　　　　　　식 _____
　　　　　　　　　　　　답 _____

**2** $1\frac{3}{4} \times 3 = \boxed{\phantom{00}}$ ≫ 딸기 한 바구니의 무게가 $1\frac{3}{4}$ kg입니다.
　　　　　　　　　　딸기 3바구니의 무게는 몇 kg인가요?

　　　　　　　　　　　　식 _____
　　　　　　　　　　　　답 _____ kg

**3** $8 \times \frac{11}{36} = \boxed{\phantom{00}}$ ≫ 새봄이네 집에 쌀이 **8 kg** 있었습니다.
　　　　　　　　　이 중에서 전체의 $\frac{11}{36}$을 먹었다면 이때
　　　　　　　　　새봄이네 가족이 먹은 쌀은 몇 **kg**인가요?

　　　　　　　　　　　　식 _____

---

**준비 학습 문해력 기초 다지기**
　　　　　　　　　　　　　　문장 읽고 문제 풀기

◇ 간단한 문장제를 풀어 봅니다.

**1** 윤정이는 선물을 포장하는 데 길이가 $\frac{5}{8}$ m인 리본의 $\frac{3}{5}$을 사용했습니다.
사용한 리본은 몇 m인가요?

　　　　식 _____　　　　답 _____

**2** 수지는 가로가 **45 cm**이고,
세로가 가로의 $1\frac{1}{9}$인 방패연을 만들었습니다.
수지가 만든 방패연의 세로는 몇 **cm**인가요?

　　　　식 _____　　　　답 _____

**3** 변이 7개인 정다각형이 있습니다.
이 정다각형의 한 변의 길이가 $1\frac{5}{11}$ cm일 때,
둘레는 몇 cm인가요?

---

## 문장제에 적용하기

연산, 기초 문제가 어떻게 문장제가 되는지 알아 봐요.

## 문장 읽고 문제 풀기

이번 주에 풀 문장제 유형의 가장 단순한 문장제 를 풀면서 기초를 다져요.

《 수학 문해력을 기르는

# 1일~4일 학습

문제 속 핵심 키워드 찾기 → **해결 전략 세우기** → 전략에 따라 문제 풀기 → 문해력 레벨업 으로 이어지는 학습법

---

관련 단원 분수의 곱셈

**문해력 문제 5**

길이가 $7\frac{7}{15}$ cm인 색 테이프 3장을 /

$2\frac{4}{5}$ cm씩 겹치게 한 줄로 이어 붙였습니다. /

이어 붙인 색 테이프의 전체 길이는 몇 cm인가요?
└ 구하려는 것

**해결 전략**

색 테이프 3장의 길이의 합을 구하려면
└ +, −, ×, ÷ 중 알맞은 것 쓰기
❶ (색 테이프 1장의 길이) ◯ 3을 구하고

겹치는 부분의 길이의 합을 구하려면
❷ (겹치는 한 부분의 길이) × (겹치는 부분의 수)를 구해

이어 붙인 색 테이프의 전체 길이를 구하려면
❸ (색 테이프 3장의 길이의 합) ◯ (겹치는 부분의 길이의 합)을 구한다.
└ 위 ❶에서 구한 값    └ 위 ❷에서 구한 값

**문제 풀기**

❶ (색 테이프 3장의 길이의 합) = $7\frac{7}{15}$ × ☐ = ☐ (cm)

❷ 색 테이프가 겹치는 부분은 3 − 1 = ☐ (군데)이므로

  (겹치는 부분의 길이의 합) = $2\frac{4}{5}$ × ☐ = ☐ (cm)이다.

❸ (이어 붙인 색 테이프의 전체 길이) = ☐ − ☐ = ☐ (cm)

                        답 _____

**문해력 레벨업**

겹쳐서 이어 붙인 모양에 따라 겹치는 부분의 수가 다르다.

(예) 리본 4장을 한 줄로 겹쳐서 이어 붙이기

| 1 | 2 | 3 |

겹치는 부분: (4−1)군데

(예) 리본 4장을 원 모양으로 겹쳐서 이어 붙이기

겹치는 부분: 4군데

---

### 문제 속 핵심 키워드 찾기

문제를 끊어 읽으면서 핵심이 되는 말인 주어진 조건과 구하려는 것을 찾아 표시해요.

### 해결 전략 세우기

찾은 핵심 키워드를 수학적으로 어떻게 바꾸어 적용해서 문제를 풀지 전략을 세워요.

### 전략에 따라 문제 풀기

세운 해결 전략 ❶ → ❷ → ❸의 순서에 따라 문제를 풀어요.

### 문해력 레벨업

수학 문해력을 한 단계 올려주는 비법 전략을 알려줘요.

---

문해력 문제의 풀이를 따라

쌍둥이 문제 → 문해력 레벨 1 → 문해력 레벨 2 를

차례로 풀며 수준을 높여가며 훈련해요.

《 수학 문해력을 기르는

# 5일 학습

**HME 경시 기출 유형, 수능대비 창의·융합형** 문제를 풀면서 수학 문해력 완성하기

# 분수의 곱셈

분수의 곱셈은 소수의 곱셈이 사용되기 전부터 시작되었으며 문명의 발달과 함께 자연스럽게 활용되었어요.
분수의 나눗셈, 소수의 곱셈과 나눗셈 등 여러 단원과 관련되어 있기도 하고 학생들의 논리적인 사고력을 향상할 수 있는 아주 중요한 주제이기도 하니 차근차근 공부해 봐요.

# 이번 주에 나오는 어휘 & 지식백과

**9쪽** **조조할인** (早 일찍 조, 朝 아침 조, 割 나눌 할, 引 끌 인)
극장에서 오전에 입장하는 사람들에게 입장 요금을 조금 깎아 줌.

**11쪽** **주차면** (駐 머무를 주, 車 수레 차, 面 낯 면)
주차를 할 수 있도록 나누어진 각각의 공간

**13쪽** **재배면적** (栽 심을 재, 培 복돋울 배, 面 낯 면, 積 쌓을 적)
곡식이나 채소 따위를 심어 가꾸는 땅의 넓이

**13쪽** **청구** (請 청할 청, 求 구할 구)
돈이나 물건 따위를 달라고 요구함.

**15쪽** **기가바이트** (gigabyte)
데이터의 양을 나타내는 단위. 기호는 GB로 쓴다.

**29쪽** **대기** (大 큰 대, 氣 기운 기)
'공기'를 달리 이르는 말

**29쪽** **지면** (地 땅 지, 面 낯 면)
땅바닥

# 문해력 기초 다지기

○ 연산 문제가 어떻게 문장제가 되는지 알아봅니다.

**1** $\frac{9}{10} \times 15 = \boxed{\phantom{00}}$  »  $\frac{9}{10}$의 **15**배는 얼마인가요?

식 ___ $\frac{9}{10} \times 15 = \boxed{\phantom{00}}$ ___

답 ___

**2** $1\frac{3}{4} \times 3 = \boxed{\phantom{00}}$  »  딸기 한 바구니의 무게는 $1\frac{3}{4}$ **kg**입니다.

딸기 **3**바구니의 무게는 몇 **kg**인가요?

식 ___

꼭! 단위까지
따라 쓰세요.

답 ___ kg

**3** $8 \times \frac{11}{36} = \boxed{\phantom{00}}$  »  새봄이네 집에 쌀이 **8 kg** 있었습니다.

이 중에서 **전체의** $\frac{11}{36}$을 먹었다면 이때

새봄이네 가족이 먹은 쌀은 몇 **kg**인가요?

식 ___

답 ___ kg

**4**  $4 \times 3\frac{1}{5} = \boxed{\phantom{000}}$  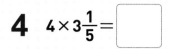  4와 $3\frac{1}{5}$의 곱을 구하세요.

식  _____  $4 \times 3\frac{1}{5} = \boxed{\phantom{000}}$

답  _____

**5**  $\frac{1}{3} \times \frac{1}{12} = \dfrac{1}{\boxed{\phantom{00}}}$  두호는 어제 **동화책 한 권의** $\frac{1}{3}$을 읽었고,

오늘은 어제 읽은 양의 $\frac{1}{12}$을 읽었습니다.

두호가 **오늘 읽은 양은 동화책 전체의** 얼마인가요?

식  _____

답  _____

**6**  $1\frac{5}{6} \times 1\frac{1}{6} = \boxed{\phantom{000}}$  케이크를 만드는 데 사용할 설탕의 무게는 $1\frac{5}{6}$ **kg**이고,

밀가루의 무게는 **설탕의 무게의** $1\frac{1}{6}$**배**입니다.

**사용할 밀가루의 무게는 몇 kg**인가요?

식  _____  꼭! 단위까지 따라 쓰세요.

답  _____ kg

# 문해력 기초 다지기

◐ 간단한 문장제를 풀어 봅니다.

**1** 윤정이는 선물을 포장하는 데 길이가 $\dfrac{5}{8}$ m인 리본의 $\dfrac{3}{5}$을 사용했습니다.
**사용한 리본은 몇 m**인가요?

식 _____  답 _____

**2** 수지는 가로가 **45 cm**이고,
세로가 **가로의 1$\dfrac{1}{9}$인** 방패연을 만들었습니다.
수지가 만든 방패연의 **세로는 몇 cm**인가요?

식 _____  답 _____

**3** 변이 **7개인** 정다각형이 있습니다.
이 정다각형의 한 변의 길이가 $1\dfrac{5}{11}$ cm일 때,
**둘레는 몇 cm**인가요?

식 _____  답 _____

**4** 1분에 $1\dfrac{7}{11}$ L씩 물이 일정하게 나오는 수도꼭지가 있습니다.

이 수도꼭지에서 $5\dfrac{1}{3}$분 동안 나오는 물은 몇 L인가요?

식 _____    답 _____

**5** 한 시간에 $\dfrac{5}{6}$ km를 가는 소가

같은 빠르기로 **2**시간 동안 갈 수 있는 거리는 몇 km인가요?

식 _____    답 _____

**6** 가로가 $\dfrac{9}{10}$ m이고, 세로가 $\dfrac{1}{2}$ m인 직사각형 모양의 꽃밭이 있습니다.

이 꽃밭의 넓이는 몇 $m^2$인가요?

식 _____    답 _____

**7** 어느 영화관의 평일 입장권 한 장의 가격은 **9000**원입니다.

※조조할인을 받으면 평일 **입장권** 가격의 $\dfrac{4}{5}$만큼만 내면 됩니다.

조조할인을 받은 입장권 한 장의 가격은 얼마인가요?

식 _____    답 _____

문해력 어휘

조조할인: 극장에서 오전에 입장하는 사람들에게 입장 요금을 조금 깎아 줌.

# 수학 문해력 기르기

**문해력 문제 1**

지아네 가족은 워터 파크에서 사용하려고 코인 팔찌에 80000원을 충전했습니다./
퇴장할 때까지 코인 팔찌에 충전한 금액의 $\frac{4}{5}$만큼을 사용했다면/
남은 금액은 얼마인가요?
└ 구하려는 것

**해결 전략**

남은 금액이 충전한 금액의 몇 분의 몇인지를 그림으로 알아보면

❶ 충전한 금액: 전체 1

사용한 금액: 전체의 $\frac{4}{5}$

남은 금액: 전체의 $\left(1-\boxed{\phantom{0}}\right)$

실제 남은 금액을 구하려면
┌ +, −, ×, ÷ 중 알맞은 것 쓰기
❷ (충전한 실제 금액) ◯ (위 ❶에서 나타낸 남은 금액)으로 구한다.

**문제 풀기**

❶ 남은 금액은 전체 충전한 금액의 $\left(1-\boxed{\phantom{0}}\right)$만큼이다.

❷ (남은 금액) $= 80000 \times \left(1-\boxed{\phantom{0}}\right)$

$= 80000 \times \boxed{\phantom{0}} = \boxed{\phantom{0}}$ (원)

답 _____

**문해력 레벨업**

전체를 1로 하면 부분의 양을 전체의 분수만큼으로 나타낼 수 있다.

예 도화지의 $\frac{3}{5}$에는 바다를 그리고, 나머지의 $\frac{1}{3}$에는 산을 그렸다.

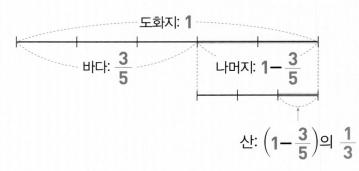

도화지: 1

바다: $\frac{3}{5}$　　나머지: $1-\frac{3}{5}$

산: $\left(1-\frac{3}{5}\right)$의 $\frac{1}{3}$

쌍둥이 문제

**1-1** 현성이네 아파트에는 *주차면이 128면 있습니다./ 이 주차면 중 현재 차가 주차되어 있는 주차면이 전체 주차면 수의 $\frac{3}{8}$이라면/ 차가 주차되어 있지 않은 빈 주차면은 몇 면인가요?

따라 풀기 ❶

문해력 어휘 📖

주차면: 주차를 할 수 있도록 나누어진 각각의 공간          ❷

답 _____

문해력 레벨 1

**1-2** 서우와 지후가 땅따먹기 보드게임 중입니다./ 전체 땅의 $\frac{5}{12}$ 는 서우 땅이고,/ 나머지의 $\frac{5}{7}$ 는 지후 땅입니다./ 지후 땅은 전체 땅의 몇 분의 몇인가요?

스스로 풀기 ❶



❷



답 _____

문해력 레벨 2

**1-3** 어느 날 천재이비인후과에 진료 접수를 한 사람은 216명입니다./ 이 중 $\frac{1}{3}$ 은 감기 진료만 받았고,/ 나머지는 독감 예방접종을 했습니다./ 이날 독감 예방접종을 한 사람의 $\frac{5}{6}$ 가 어린아이라면/ 독감 예방접종을 한 어린아이는 몇 명인가요?

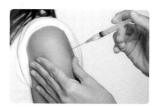

출처: ⓒAdam Gregor/shutterstock

스스로 풀기 ❶ 독감 예방접종을 한 사람이 진료 접수한 사람의 얼마만큼인지 구하자.



❷ 독감 예방접종을 한 어린아이가 진료 접수한 사람의 얼마만큼인지 구하자.



❸ 독감 예방접종을 한 어린아이 수를 구하자.



답 _____

# 수학 문해력 기르기

**문해력 문제 2**

어느 라면 회사에서 컵라면의 가격을/

이전 가격보다 $\dfrac{2}{9}$ 만큼 더 올렸습니다./

이전 가격이 1800원이었다면/ 현재 가격은 얼마인가요?
└ 구하려는 것

출처: ⓒDPham/shutterstock

**해결 전략**

올린 금액을 구하려면

❶ (이전 가격)× [    ] 을/를 구하고

현재 가격을 구하려면

＋, −, ×, ÷ 중 알맞은 것 쓰기
❷ (이전 가격) ◯ (올린 금액)으로 구한다.
└ 위 ❶에서 구한 값

**문제 풀기**

❶ (올린 금액)＝1800× [    ] ＝ [    ] (원)

❷ (현재 가격)＝1800＋ [    ] ＝ [    ] (원)

답 _____

**문해력 레벨업**

이전 가격에 올린 금액을 더해 현재 가격을 구하자.

예 **1800**원짜리 빵의 가격을 $\dfrac{2}{9}$ 만큼 더 올리면 **올린 후의 가격**은 (올리기 전 가격)＋(올린 금액) 이다.

올린 금액: $1800 \times \dfrac{2}{9}$

| 올리기 전 가격: 1800 | ＋ |  |

올린 후의 가격

➜ (올린 후의 가격)＝$1800＋1800 \times \dfrac{2}{9}$

**쌍둥이 문제**

**2-1** 이번 달에 서우네 집에<sup>※</sup>청구된 전기세가/ 지난달보다 $\frac{3}{7}$ 만큼 더 늘었습니다./ 지난달에 청구된 전기세가 21000원이었다면/ 이번 달에 청구된 전기세는 얼마인가요?

**따라 풀기** ❶

**문해력 어휘** 📖

청구: 돈이나 물건 따위를 달라고 요구함.

❷

답 _____

**문해력 레벨 1**

**2-2** 가로가 88 m이고 세로가 5 m인 직사각형 모양의<sup>※</sup>샤인머스캣 농장에서/ 올해 농사가 잘되어 내년에는<sup>※</sup>재배면적을 늘리려고 합니다./ 가로만 $\frac{1}{4}$ 만큼 더 늘려 직사각형 모양의 농장을 만든다면/ 내년의 재배면적은 몇 m²가 되나요?

**스스로 풀기** ❶

**문해력 어휘** 📖

• 샤인머스캣: 포도의 한 종류. 향이 강하고 매우 단맛이 난다.

• 재배면적: 곡식이나 채소 따위를 심어 가꾸는 땅의 넓이

❷

❸

답 _____

**문해력 레벨 2**

**2-3** 어느 영화관의 성인 1명의 영화 관람료가 2013년에는 8000원이었습니다./ 2018년에는 2013년보다 $\frac{1}{4}$ 만큼 더 올랐고,/ 2022년에는 2018년보다 $\frac{3}{10}$ 만큼 더 올랐습니다./ 2022년에 이 영화관의 성인 1명의 영화 관람료는 얼마인가요?

**스스로 풀기** ❶ 2013년보다 2018년에 오른 금액을 구하자.

❷ 2018년에 성인 1명의 영화 관람료를 구하자.

❸ 2018년보다 2022년에 오른 금액을 구하자.

❹ 2022년에 성인 1명의 영화 관람료를 구하자.

답 _____

# 2일 수학 문해력 기르기

**문해력 문제 3**

지후 아버지가 냉장고에 있던 소고기의 $\frac{3}{4}$으로 미역국을 만들었더니/

$\frac{2}{5}$ kg이 남았습니다./

처음 냉장고에 있던 소고기의 무게는 몇 kg이었나요?
└ 구하려는 것

**해결 전략**

> 남은 소고기의 무게가 처음에 있던 소고기의 무게의 몇 분의 몇인지를 구하려면

❶ ( ▢ ―사용한 소고기의 무게)만큼으로 나타내고,

❷ 처음에 있던 소고기의 무게를 ■ kg이라 하여
■×(위 ❶에서 나타낸 남은 소고기의 무게)=(실제 남은 소고기의 무게)로 식을 써서

> 처음 냉장고에 있던 소고기의 무게를 구하려면

❸ 위 ❷에서 쓴 곱셈식에서 ■를 구하자.

**문제 풀기**

❶ 남은 소고기의 무게는 처음에 있던 소고기의 무게의 1― ▢ = ▢ 만큼이다.

❷ 처음에 있던 소고기의 무게를 ■ kg이라 하면 ■× $\frac{1}{4}$ = ▢ 이다.

❸ 위 ❷에서 쓴 곱셈식에서 전체와 부분의 관계를 이용하여 ■ 구하기

■의 $\frac{1}{4}$이 ▢ 이므로 ■는 ▢ ×4= ▢ 이다.

➡ 처음 냉장고에 있던 소고기의 무게: ▢ kg

답 _____

**문해력 레벨업**

부분의 값을 이용하여 전체의 값을 구하자.

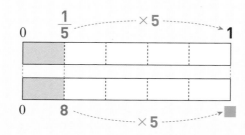

■의 $\frac{1}{5}$이 **8**이면

■는 **8×5**이다.

쌍둥이 문제

**3-1** 재석이네 가족이 오늘 사 온 우유의 $\frac{4}{5}$를 마셨더니/ $\frac{11}{25}$ L가 남았습니다./ 사 온 우유의 양은 몇 L인가요?

따라 풀기 ❶

❷

❸

답 _____

문해력 레벨 1

**3-2** 소연이가 가지고 있는 유에스비에 영화와 노래가 저장되어 있습니다./ 영화는 전체 저장 용량의 $\frac{1}{4}$만큼을 차지하고 있고,/ 노래는 나머지 저장 용량의 $\frac{1}{6}$만큼을 차지하고 있습니다./ 노래가 차지한 용량이 32※기가바이트일 때,/ 이 유에스비의 전체 저장 용량은 몇 기가바이트인가요?

출처: ⓒGetty Images Bank

스스로 풀기 ❶ 영화를 저장하고 남은 저장 용량이 전체 저장 용량의 얼마만큼인지 구하자.

문해력 어휘 📖

· 유에스비(USB): 이동형 데이터 기억 장치. 컴퓨터에 꽂아서 쓴다.

· 기가바이트(GB): 데이터의 양을 나타내는 단위. 컴퓨터 파일 크기 등을 나타낼 때 1기가바이트는 (1024×1024×1024)바이트를 의미한다.

❷ 노래의 저장 용량이 전체 저장 용량의 얼마만큼인지 구하자.

❸ 전체 저장 용량을 ■기가바이트라 하여 노래가 차지하는 실제 용량을 구하는 식을 쓰자.

❹ 전체와 부분의 관계를 이용하여 위 ❸의 식에서 전체 저장 용량을 구하자.

답 _____

# 수학 문해력 기르기

**문해력 문제 4**

어떤 수에 $2\frac{1}{3}$을 곱해야 할 것을/ 잘못하여 뺐더니 $1\frac{4}{15}$가 되었습니다./

바르게 계산한 값은 얼마인가요?
└•구하려는 것

**해결 전략**

❶ 잘못 계산했을 때의 ( 곱셈식 , 뺄셈식 )을 쓰고
└•알맞은 말에 ○표 하기

❷ 위 ❶에서 쓴 식을 이용하여 어떤 수를 구해

바르게 계산한 값을 구하려면
┌•+, −, ×, ÷ 중 알맞은 것 쓰기
❸ (위 ❷에서 구한 어떤 수) ◯ $2\frac{1}{3}$을 계산한다.

**문제 풀기**

❶ 잘못 계산한 식: (어떤 수) ◯ $2\frac{1}{3}=1\frac{4}{15}$

❷ (어떤 수)$=1\frac{4}{15}+2\frac{1}{3}=$ ☐

❸ (바르게 계산한 값)$=$ ☐ $\times 2\frac{1}{3}=$ ☐

답 _____

**문해력 레벨업**

잘못 계산한 식을 이용해 어떤 수를 먼저 구하자.

┌ 바르게 계산 ┐         ┌ 잘못 계산 ┐
예 어떤 수에 $\frac{1}{4}$을 곱해야 할 것을 잘못하여 뺐더니 9가 되었다. 바르게 계산한 값은?

| ❶ 잘못 계산한 식을 써서 | (어떤 수)$-\frac{1}{4}=9$ |
| ❷ 어떤 수를 구하고 | (어떤 수)$=9+\frac{1}{4}=9\frac{1}{4}$ |
| ❸ 바르게 계산하자. | (어떤 수)$\times\frac{1}{4}=9\frac{1}{4}\times\frac{1}{4}$ |

잘못 계산한 식에서 어떤 수를 구할 수 있어.

**쌍둥이 문제**

**4-1** 어떤 수에 $\dfrac{1}{10}$ 을 곱해야 할 것을/ 잘못하여 뺐더니 $\dfrac{4}{5}$ 가 되었습니다./ 바르게 계산한 값은 얼마인가요?

따라 풀기 ❶

❷

❸

답 _____

**문해력 레벨 1**

**4-2** 어떤 수에 3을 곱해야 할 것을/ 잘못하여 더했더니 $4\dfrac{5}{7}$ 가 되었습니다./ 바르게 계산한 값은 얼마인가요?

스스로 풀기 ❶

❷

❸

답 _____

**문해력 레벨 2**

**4-3** $\dfrac{14}{17}$ 와 어떤 수의 곱에 $9\dfrac{4}{7}$ 를 더해야 할 것을/ 잘못하여 $\dfrac{14}{17}$ 를 곱하지 않고 어떤 수에 $9\dfrac{4}{7}$ 만 더했더니/ $16\dfrac{6}{7}$ 이 되었습니다./ 바르게 계산한 값은 얼마인가요?

스스로 풀기 ❶

❷

❸

답 _____

# 수학 문해력 기르기

**문해력 문제 5**

길이가 $7\frac{7}{15}$ cm인 색 테이프 3장을/

$2\frac{4}{5}$ cm씩 겹치게 한 줄로 이어 붙였습니다./

이어 붙인 색 테이프의 전체 길이는 몇 cm인가요?
└ 구하려는 것

**해결 전략**

색 테이프 3장의 길이의 합을 구하려면
❶ (색 테이프 1장의 길이) ◯ 3을 구하고
└ +, −, ×, ÷ 중 알맞은 것 쓰기

겹치는 부분의 길이의 합을 구하려면
❷ (겹치는 한 부분의 길이) × (겹치는 부분의 수)를 구해

이어 붙인 색 테이프의 전체 길이를 구하려면
❸ (색 테이프 3장의 길이의 합) ◯ (겹치는 부분의 길이의 합)을 구한다.
└ 위 ❶에서 구한 값          └ 위 ❷에서 구한 값

**문제 풀기**

❶ (색 테이프 3장의 길이의 합)=$7\frac{7}{15}$ × ☐ = ☐ (cm)

❷ 색 테이프가 겹치는 부분은 3−1=☐ (군데)이므로

(겹치는 부분의 길이의 합)=$2\frac{4}{5}$ × ☐ = ☐ (cm)이다.

❸ (이어 붙인 색 테이프의 전체 길이)= ☐ − ☐ = ☐ (cm)

답 _____

**문해력 레벨업**

겹쳐서 이어 붙인 모양에 따라 겹치는 부분의 수가 다르다.

예 리본 4장을 한 줄로 겹쳐서 이어 붙이기

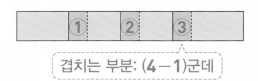

겹치는 부분: (4−1)군데

➡ (겹치는 부분의 수)=(리본의 수)−1

예 리본 4장을 원 모양으로 겹쳐서 이어 붙이기

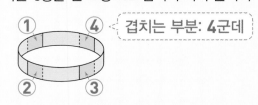

겹치는 부분: 4군데

➡ (겹치는 부분의 수)=(리본의 수)

**쌍둥이 문제**

**5-1** 길이가 $6\frac{1}{14}$ cm인 끈 4개를/ $1\frac{1}{7}$ cm씩 겹치게 한 줄로 이어 붙였습니다./ 이어 붙인 끈의 전체 길이는 몇 cm인가요?

따라 풀기 ❶

❷

❸

답 _____

**문해력 레벨 1**

**5-2** 길이가 $\frac{8}{9}$ m인 털실 3개를/ $\frac{1}{6}$ m씩 겹치게 원 모양으로 이어 붙여 장식을 만들었습니다./ 만든 장식의 둘레는 몇 m인가요?

스스로 풀기 ❶

❷

❸

답 _____

**문해력 레벨 2**

**5-3** 길이가 $1\frac{1}{5}$ m인 색 테이프 4장을/ 일정한 길이로 겹치게 한 줄로 이어 붙였습니다./ 이어 붙인 색 테이프의 전체 길이가 $3\frac{9}{10}$ m라면/ 색 테이프를 몇 m씩 겹치게 이어 붙였나요?

스스로 풀기 ❶ 색 테이프 4장의 길이의 합을 구하자.

(겹치는 부분의 길이의 합)
=(색 테이프 4장의 길이의 합)
－(이어 붙인 전체 길이)

❷ 겹치는 부분의 길이의 합을 구하자.

❸ 겹치는 부분의 수를 생각해서 몇 m씩 겹치게 이어 붙였는지 구하자.

답 _____

# 수학 문해력 기르기

**문해력 문제 6**

땅에 닿으면 **떨어진 높이**의 $\frac{5}{8}$만큼 튀어 오르는 공이 있습니다./

이 공을 120 cm 높이에서 떨어뜨렸다면/

땅에 **두 번 닿았다가 튀어 올랐을 때의 높이**는 몇 cm인가요?

└ 구하려는 것

**해결 전략**

땅에 한 번 닿았다가 튀어 올랐을 때의 높이를 구하려면

❶ (처음에 떨어뜨린 높이) ◯ $\frac{5}{8}$를 구하고

└ +, −, ×, ÷ 중 알맞은 것 쓰기

땅에 두 번 닿았다가 튀어 올랐을 때의 높이를 구하려면

❷ (위 ❶에서 구한 높이) ◯ $\frac{5}{8}$를 구한다.

**문제 풀기**

❶ (땅에 한 번 닿았다가 튀어 올랐을 때의 높이)

$$= 120 \times \frac{5}{8} = \boxed{\phantom{000}} \ (cm)$$

❷ (땅에 두 번 닿았다가 튀어 올랐을 때의 높이)

$$= \boxed{\phantom{000}} \times \frac{5}{8} = \boxed{\phantom{000}} \ (cm)$$

답 _____

**문해력 레벨업**

공이 튀어 오르는 높이의 규칙을 찾자.

예 떨어진 높이의 $\frac{1}{2}$만큼 튀어 오르는 공을 40 m 높이에서 떨어뜨린 경우

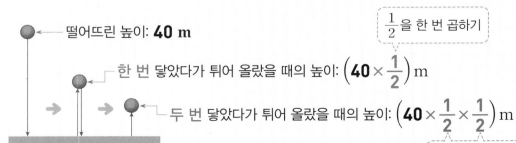

떨어뜨린 높이: **40 m**

한 번 닿았다가 튀어 올랐을 때의 높이: $\left(40 \times \frac{1}{2}\right)$ m

$\frac{1}{2}$을 한 번 곱하기

두 번 닿았다가 튀어 올랐을 때의 높이: $\left(40 \times \frac{1}{2} \times \frac{1}{2}\right)$ m

$\frac{1}{2}$을 두 번 곱하기

• 정답과 해설 **4쪽**

🎓 복습책 6쪽에 유사, 심화문제 제공

쌍둥이 문제

**6-1** 땅에 닿으면 떨어진 높이의 $\dfrac{3}{5}$만큼 튀어 오르는 공을/ $18\dfrac{3}{4}$ m 높이에서 떨어뜨렸습니다./ 두 번째로 튀어 올랐을 때의 높이는 몇 m인가요?

따라 풀기 ❶

❷

답 _____

문해력 레벨 1

**6-2** 땅에 닿으면 떨어진 높이의 $\dfrac{2}{3}$만큼 튀어 오르는 공을/ $\dfrac{9}{10}$ m 높이에서 떨어뜨렸습니다./ 첫 번째로 튀어 올랐을 때의 높이와/ 두 번째로 튀어 올랐을 때의 높이의/ 차는 몇 m인가요?

스스로 풀기 ❶

❷

❸

답 _____

문해력 레벨 2

**6-3** 땅에 닿으면 떨어진 높이의 $\dfrac{4}{5}$만큼 튀어 오르는 공이 있습니다./ 이 공을 25 m 높이에서 떨어뜨렸다면/ 땅에 두 번 닿았다가 튀어 올랐을 때까지/ 움직인 전체 거리는 몇 m인가요?/ (단, 공은 수직으로만 움직입니다.)

스스로 풀기 ❶ 땅에 한 번 닿았다가 튀어 올랐을 때의 높이를 구하자.

> 땅에 한 번 닿았다가 두 번 닿기까지 움직인 거리는 (땅에 한 번 닿았다가 튀어 올랐을 때의 높이)×2야.

❷ 땅에 두 번 닿았다가 튀어 올랐을 때의 높이를 구하자.

❸ 움직인 전체 거리를 구하자.

답 _____

# 수학 문해력 기르기

관련 단원 분수의 곱셈

**문해력 문제 7**

1분 동안 각각 $1\frac{3}{4}$ km,/ $1\frac{5}{8}$ km를 일정한 빠르기로 달리는 두 자동차가 있습니다./

두 자동차가 일직선으로 뻗은 길을 같은 지점에서/ 서로 반대 방향으로 동시에 출발했습니다./

5분 20초 후에/ 두 자동차 사이의 거리는 몇 km인가요?/ (단, 자동차의 크기는 생각하지 않습니다.)

└ 구하려는 것

**해결 전략**

> 1분 후 두 자동차 사이의 거리를 구하려면

❶ 1분 동안 두 자동차가 달리는 거리의 ( 합 , 차 )을/를 구한다.

> 5분 20초 후 두 자동차 사이의 거리를 구하려면

❷ 1초 = $\dfrac{\square}{60}$ 분임을 이용하여 5분 20초를 분 단위 대분수로 나타내어

┌ +, −, ×, ÷ 중 알맞은 것 쓰기

❸ (위 ❶에서 구한 거리) $\bigcirc$ (위 ❷에서 나타낸 시간)으로 구한다.

**문제 풀기**

❶ (1분 후 두 자동차 사이의 거리)

$$=1\frac{3}{4}+1\frac{5}{8}=\boxed{\phantom{00}} \text{(km)}$$

> **문해력 핵심**
> 같은 방향으로 갈 때는 간 거리의 차를 구하고, 서로 반대 방향으로 갈 때는 간 거리의 합을 구한다.

❷ 5분 20초를 분 단위로 바꿔 나타내기

$$5분\ 20초 = 5\frac{\boxed{\phantom{0}}}{60} 분 = 5\frac{\boxed{\phantom{0}}}{3} 분$$

❸ (5분 20초 후 두 자동차 사이의 거리) = $\boxed{\phantom{0}} \times 5\frac{\boxed{\phantom{0}}}{3} = \boxed{\phantom{00}}$ (km)

답 _____

**문해력 레벨업**

시간을 분수로 나타내 계산하자.

• 초 단위를 분 단위로 나타내기

$\times\frac{1}{60}$ ↗ **60초 = 1분**

$1초 = \dfrac{1}{60}$분 ↘ $\times\frac{1}{60}$

예 2분 35초 = $2\dfrac{35}{60}$분 = $2\dfrac{7}{12}$분

• 분 단위를 시간 단위로 나타내기

$\times\frac{1}{60}$ ↗ **60분 = 1시간**

$1분 = \dfrac{1}{60}$시간 ↘ $\times\frac{1}{60}$

예 5시간 36분 = $5\dfrac{36}{60}$시간 = $5\dfrac{3}{5}$시간

**쌍둥이 문제**

**7-1** 두 수도꼭지에서 1분 동안 각각 냉수가 $4\dfrac{3}{4}$ L씩,/ 온수가 $5\dfrac{1}{2}$ L씩 일정하게 나옵니다./ 두 수도꼭지를 동시에 틀었을 때/ 3분 12초 동안/ 받을 수 있는 물의 양은 모두 몇 L인가요?

**따라 풀기** ❶

❷

❸

답 _____

**문해력 레벨 1**

**7-2** 1시간 동안 각각 $96\dfrac{7}{10}$ km,/ $96\dfrac{3}{5}$ km를 일정한 빠르기로 달리는 두 기차가/ 같은 지점에서 같은 방향으로 동시에 출발했습니다./ 3시간 45분 후에/ 두 기차는 몇 km 떨어져 있나요?/ (단, 기차의 길이는 생각하지 않습니다.)

**스스로 풀기** ❶

❷

❸

답 _____

**문해력 레벨 2**

**7-3** 자전거를 재희는 1분 동안 $1\dfrac{1}{20}$ km를 가는 빠르기로/ 4분 동안,/ 연석이는 1분 동안 $\dfrac{7}{8}$ km를 가는 빠르기로/ 54초 동안 탄 후 멈췄습니다./ 일직선으로 뻗은 자전거 도로를 같은 지점에서/ 서로 반대 방향으로 출발했다면/ 멈춘 두 사람 사이의 거리는 몇 km인가요?

**스스로 풀기** ❶ 재희가 4분 동안 간 거리를 구하자.

❷ 연석이가 54초 동안 간 거리를 구하자.

❸ 두 사람 사이의 거리를 구하자.

답 _____

# 수학 문해력 기르기

관련 단원 분수의 곱셈

**문해력 문제 8**

하루에 $1\frac{1}{10}$분씩 빨라지는 시계가 있습니다./
이 시계를 오늘 오전 8시에 정확하게 맞추었다면/
5일 후 오전 8시에/ 이 시계는 오전 몇 시 몇 분 몇 초를 가리키나요?
└ 구하려는 것

**해결 전략**

┌ 5일 동안 빨라지는 시간을 구하려면 ┐
❶ (하루에 빨라지는 시간)×☐을/를 구하고

┌ 5일 후 오전 8시에 이 시계가 가리키는 시각을 구하려면 ┐
❷ $\frac{1}{60}$분 =☐초임을 이용하여 위 ❶에서 구한 시간을 몇 분 몇 초로 나타내어

❸ 오전 8시＋(위 ❷에서 바꿔 나타낸 시간)으로 구한다.

**문제 풀기**

❶ (5일 동안 빨라지는 시간) $=1\frac{1}{10}\times5=5\frac{\boxed{\phantom{0}}}{2}$ (분)

❷ 위 ❶에서 구한 분 단위 시간을 몇 분 몇 초로 나타내기

$5\frac{\boxed{\phantom{0}}}{2}$분 $=5\frac{\boxed{\phantom{0}}}{60}$분 $=5$분 $\boxed{\phantom{0}}$초

❸ (5일 후 오전 8시에 이 시계가 가리키는 시각)

=오전 8시＋5분 $\boxed{\phantom{0}}$초=오전 8시 5분 $\boxed{\phantom{0}}$초

답 오전 _____

**문해력 레벨업**

빨라지는(느려지는) 시계가 가리키는 시각을 알아보자.

예 하루에 5분 30초씩 빨라지는 시계를
오늘 오전 10시에 정확하게 맞추었을 때

 하루 후 ＋5분 30초 →

오전 10시         오전 10시 5분 30초

빨라지는 시계가 가리키는 시각은
정확한 시각에 빨라지는 시간을 더한다.

예 하루에 5분 30초씩 느려지는 시계를
오늘 오전 10시에 정확하게 맞추었을 때

 하루 후 －5분 30초 →

오전 10시         오전 9시 54분 30초

느려지는 시계가 가리키는 시각은
정확한 시각에서 느려지는 시간을 뺀다.

**쌍둥이 문제**

**8-1** 하루에 $1\dfrac{5}{12}$ 분씩 빨라지는 시계가 있습니다./ 이 시계를 오늘 오후 7시에 정확하게 맞추었

다면/ 3일 후 오후 7시에/ 이 시계는 오후 몇 시 몇 분 몇 초를 가리키나요?

**따라 풀기** ❶


❷


❸


**답** 오후 _____

**문해력 레벨 1**

**8-2** 하루에 $\dfrac{1}{3}$ 분씩 느려지는 시계가 있습니다./ 이 시계를 오늘 오전 11시에 정확하게 맞추었다

면/ 4일 후 오전 11시에/ 이 시계는 오전 몇 시 몇 분 몇 초를 가리키나요?

**스스로 풀기** ❶


❷


❸


**답** 오전 _____

**문해력 레벨 2**

**8-3** 한 시간에 $\dfrac{17}{30}$ 분씩 느려지는 시계가 있습니다./ 이 시계를 오늘 오후 2시에 정확하게 맞추었

다면/ 2일 후 오후 4시에/ 이 시계는 오후 몇 시 몇 분 몇 초를 가리키나요?

**스스로 풀기** ❶ 시계를 정확하게 맞추고 2일 후 오후 4시까지 걸린 시간을 구하자.


❷ 위 ❶에서 걸린 시간 동안 느려지는 시간을 구하자.


❸ 위 ❷에서 구한 분 단위 시간을 몇 분 몇 초로 나타내자.


❹ 2일 후 오후 4시에 이 시계가 가리키는 시각을 구하자.


**답** 오후 _____

**4일**

**25**

관련 단원 분수의 곱셈

 **1** 다음 식의 계산 결과가 자연수가 되는 ㉠은/ 모두 몇 가지인가요?/ (단, ㉠은 1보다 큰 자연수입니다.)

$$\frac{2}{3} \div ㉠ \times 9$$

**해결 전략**

$\dfrac{2}{3} \times \dfrac{9}{㉠}$가 자연수가 되려면 ㉠은 $\dfrac{2}{3} \times 9$를 계산한 값의 약수여야 한다.

※18년 하반기 21번 기출 유형

**문제 풀기**

❶ 주어진 식을 간단히 나타내기

$$\frac{2}{3} \div ㉠ \times 9 = \frac{2}{3} \times \frac{\boxed{\phantom{0}}}{\boxed{\phantom{0}}} = \frac{\boxed{\phantom{0}}}{\boxed{\phantom{0}}}$$

❷ 위 ❶의 계산 결과가 자연수가 될 조건 알아보기

$\dfrac{\boxed{\phantom{0}}}{㉠}$이 자연수가 되려면 ㉠은 $\boxed{\phantom{0}}$의 약수여야 한다.

❸ ㉠이 될 수 있는 수 구하기

㉠은 1보다 큰 수이므로 $\boxed{\phantom{0}}$, $\boxed{\phantom{0}}$, $\boxed{\phantom{0}}$이 될 수 있다. ➡ $\boxed{\phantom{0}}$가지

답 _____

🎓 복습책 9~10쪽에 유사, 심화문제 제공

───────────────────── 관련 단원 분수의 곱셈

**기출 2** 민준이는 어떤 일의 $\frac{1}{4}$을 하는 데/ 6일이 걸리고,/ 영은이는 같은 일의 $\frac{1}{6}$을 하는 데/ 8일이 걸린다고 합니다./ 이 일을 두 사람이 함께 쉬지 않고 모두 한다면/ 며칠 만에 끝마칠 수 있나요?/ (단, 한 사람이 하루에 하는 일의 양은 각각 일정합니다.)

**해결 전략**

📝 일의 양이 **1**일 때 **4**일이 걸리면

하루에 하는 일의 양은 $1 \times \frac{1}{4}$이다.

📝 일의 양이 $\frac{1}{2}$일 때 **4**일이 걸리면

하루에 하는 일의 양은 $\frac{1}{2} \times \frac{1}{4}$이다.

※ 20년 하반기 20번 기출 유형

**문제 풀기**

❶ 민준이가 하루에 하는 일의 양 구하기

민준이가 하루에 하는 일의 양: 전체 일의

❷ 영은이가 하루에 하는 일의 양 구하기

영은이가 하루에 하는 일의 양: 전체 일의

❸ 두 사람이 함께 하루에 하는 일의 양 구하기

두 사람이 함께 하루에 하는 일의 양: 전체 일의

❹ 따라서 두 사람이 함께 쉬지 않고 일을 모두 한다면 ☐ 일 만에 끝마칠 수 있다.

답 _____

공부한 날

월

일

**5일**

# 수학 문해력 완성하기

**창의 3** 빈 바구니 1개에/ 사과 5개를 담아 무게를 재면 $6\frac{5}{9}$ kg이고,/ 사과 3개를 담아 무게를 재면 $4\frac{1}{9}$ kg입니다./ 사과 7개의 무게는 몇 kg인가요?/ (단, 사과의 무게는 모두 같습니다.)

**해결 전략**

두 식을 더하거나 빼서 한 종류의 무게만 나올 수 있게 하자.

$$\begin{array}{rl} & \boxed{\text{빈 바구니 1개}} + \boxed{\text{사과 5개}} = 6\frac{5}{9}\text{ kg} \\ - \big) & \boxed{\text{빈 바구니 1개}} + \boxed{\text{사과 3개}} = 4\frac{1}{9}\text{ kg} \\ \hline & \quad 0 \qquad\qquad + \text{사과 } \mathbf{2}\text{개} = 6\frac{5}{9}\text{ kg} - 4\frac{1}{9}\text{ kg} \end{array}$$

두 식을 빼면 사과의 무게를 구할 수 있어.

**문제 풀기**

❶ (빈 바구니 1개)+(사과 5개)= ☐ kg ⋯ ①, (빈 바구니 1개)+(사과 3개)= ☐ kg ⋯ ②

❷ 위 ❶의 식 ①에서 식 ②를 빼기

식 ①－식 ②=(사과 2개)= ☐ － ☐ = ☐ (kg)

❸ 사과 1개의 무게 구하기

❹ 사과 7개의 무게 구하기

(사과 7개)=

답 _____

관련 단원 분수의 곱셈

융합 **4**

기온이란<sup>※</sup>대기의 온도를 말하며/<sup>※</sup>지면으로부터 1 m씩 높아질 때마다/ $\frac{3}{500}$ ℃씩 낮아집니다./ 따라서 높은 건물이나 산의 경우/ 꼭대기와 지면에서 잰 기온 차는 큽니다./ 한 층의 높이가 $4\frac{1}{2}$ m인/ 110층짜리 빌딩이 있습니다./ 이 빌딩의 1층 바닥에

출처: ⓒTom Wang/shutterstock

서 잰 기온이 25 ℃였다면/ 옥상에서 잰 기온은 몇 ℃인가요?/ (단, 옥상은 빌딩의 110층 바로 위에 있고,/ 층 사이의 두께는 생각하지 않습니다.)

**해결 전략**

지면으로부터 1 m씩 높아질 때마다 $\frac{3}{500}$ ℃씩 낮아집니다.

→ 지면으로부터 1 m 높이의 기온: (지면의 기온) $- \frac{3}{500}$ ℃

**문제 풀기**

📖 문해력 어휘
대기: '공기'를 달리 이르는 말
지면: 땅바닥

❶ 옥상의 높이 구하기

(옥상의 높이)=

❷ 위 ❶에서 구한 높이와 지면에서 잰 기온 차 구하기

(기온 차)=

❸ 옥상에서 잰 기온 구하기

(옥상에서 잰 기온)=

답 _____

# 수학 문해력 평가하기

문제를 읽고 조건을 표시하면서 풀어 봅니다.

**10쪽 문해력 1**

**1** 다빈이는 153쪽짜리 동화책을 읽고 있습니다. 오늘까지 읽은 쪽수가 전체 쪽수의 $\frac{4}{9}$라면 아직 읽지 못한 남은 쪽수는 몇 쪽인가요?

풀이

답 _____

**12쪽 문해력 2**

**2** 보현이네 가족은 제주도 *해안 도로를 따라 *자전거−하이킹 중입니다. 오늘은 어제 달린 거리보다 $\frac{2}{5}$만큼 더 달리려고 합니다. 어제 달린 거리가 65 km였다면 오늘 달릴 거리는 몇 km인가요?

출처: ⓒEvellean/shutterstock

풀이

답 _____

**14쪽 문해력 3**

**3** 선반에 있던 밀가루의 $\frac{2}{3}$를 부침개를 만드는 데 썼더니 $\frac{5}{8}$ kg이 남았습니다. 부침개를 만들기 전에 선반에 있던 밀가루는 몇 kg이었나요?

풀이

답 _____

문해력 어휘 🖋

• 해안 도로: 바다와 육지가 맞닿은 부분을 따라서 난 도로    • 자전거−하이킹: 자전거로 여행하는 일

**16쪽 문해력 4**

**4** 어떤 수에 $\dfrac{7}{22}$ 을 곱해야 할 것을 잘못하여 뺐더니 $\dfrac{2}{11}$ 가 되었습니다. 바르게 계산한 값은 얼마인가요?

풀이

답 _____

**18쪽 문해력 5**

**5** 길이가 $8\dfrac{1}{6}$ cm인 리본 4장을 $2\dfrac{1}{3}$ cm씩 겹치게 한 줄로 이어 붙였습니다. 이어 붙인 리본의 전체 길이는 몇 cm인가요?

풀이

답 _____

**20쪽 문해력 6**

**6** 땅에 닿으면 떨어진 높이의 $\dfrac{2}{5}$ 만큼 튀어 오르는 공을 50 m 높이에서 떨어뜨렸습니다. 땅에 두 번 닿았다가 튀어 올랐을 때의 높이는 몇 m인가요?

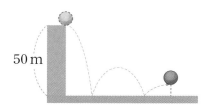

50 m

풀이

답 _____

# 수학 문해력 평가하기

### 22쪽 문해력 7

**7** 두 비행기가 일직선으로 뻗은 활주로 위를 1분 동안 각각 $\frac{3}{4}$ km, $\frac{9}{10}$ km를 가는 빠르기로 이동하고 있습니다. 가 지점에서 만나 서로 반대 방향으로 1분 35초 동안 이동했다면 두 비행기 사이의 거리는 몇 km인가요? (단, 비행기의 길이는 생각하지 않습니다.)

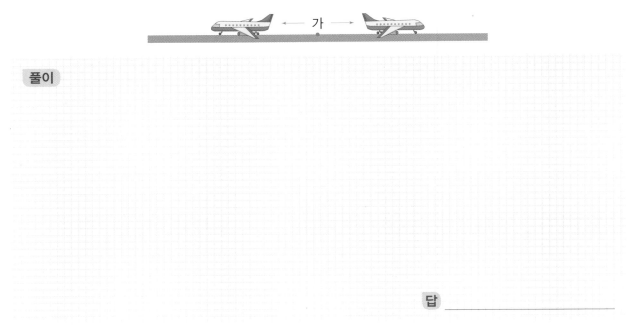

**풀이**

**답** _____

### 24쪽 문해력 8

**8** 하루에 $\frac{7}{15}$ 분씩 빨라지는 시계가 있습니다. 이 시계를 오늘 오전 9시에 정확하게 맞추었다면 5일 후 오전 9시에 이 시계는 오전 몇 시 몇 분 몇 초를 가리키나요?

**풀이**

**답** 오전 _____

**9** 18 쪽 문해력 **5**

길이가 $10\frac{2}{9}$ cm인 색 실 2개를 $1\frac{1}{3}$ cm씩 겹치게 원 모양으로 이어 붙여 팔찌를 만들었습니다. 만든 팔찌의 둘레는 몇 cm인가요?

풀이

답 _____

**10** 22 쪽 문해력 **7**

1분 동안 물 $5\frac{4}{5}$ L가 일정하게 나오는 수도로 농업용 빈 물탱크에 물을 받으면서 동시에 물탱크에 연결된 호스로 받은 물을 사용하고 있습니다. 이 호스에서 1분 동안 일정하게 물 $1\frac{3}{10}$ L가 나온다면 물을 받기 시작한 지 3분 28초가 되었을 때 물탱크에 있는 물은 몇 L인가요?

풀이

답 _____

# 소수의 곱셈

소수의 곱셈은 자연수의 곱셈과 같은 방법으로 계산하지만 소수점의 위치에
유의해야 해요. 자연수의 곱셈에서와 마찬가지로 다양한 문제 상황에서
필요한 정보를 찾아 문제를 해결해 봐요.

# 이번 주에 나오는 어휘 & 지식백과

**43쪽** **가습기** (加 더할 가, 濕 젖을 습, 器 그릇 기)
수증기를 내어 실내의 습도를 조절하는 전기 기구

**50쪽** **과채주스** (果 실과 과, 菜 나물 채 + juice)
과일이나 채소의 즙을 짜내 만든 주스

**52쪽** **둘레길**
산이나 호수, 섬 등의 둘레를 걷기 좋게 조성한 길

**53쪽** **드론** (drone)
사람이 타지 않고 무선으로 조종할 수 있는 비행 물체

**55쪽** **전시회** (展 펼 전, 示 보일 시, 會 모일 회)
특정한 물건을 벌여 차려 놓고 사람들에게 참고가 되게 하는 모임

**58쪽** **달러** (dollar)
미국에서 사용하는 돈의 단위인 동시에 세계에서도 가장 중요하게 쓰이는 돈의 단위

**59쪽** **번개, 천둥소리**
구름과 구름 사이에서 번쩍이는 강한 불꽃을 번개라고 하고 이때 생기는 큰 소리를 천둥소리라고 한다.

# 문해력 기초 다지기

◯ 연산 문제가 어떻게 문장제가 되는지 알아봅니다.

**1** 0.4×2=☐ ≫ **0.4**의 **2**배는 몇인가요?

식  0.4×2=☐

답 _____

**2** 9×0.6=☐ ≫ **9**의 **0.6**배는 몇인가요?

식 _____

답 _____

**3** 4.2×10=☐ ≫ 사탕 한 개의 무게는 **4.2 g**입니다.
무게가 같은 사탕 **10**개의 무게는 **모두 몇 g**인가요?

식 _____

꼭! 단위까지 따라 쓰세요.

답 _____ g

**4** 9.5×100=☐ ≫ 나무 막대 한 개의 길이는 **9.5 cm**입니다.
길이가 같은 나무 막대 **100**개의 길이는 **모두 몇 cm**인가요?

식 _____

답 _____ cm

**5**  $0.3 \times 8 = \boxed{\phantom{00}}$

지우는 하루에 우유를 **0.3 L**씩 **8일** 동안 마셨습니다.
지우가 8일 동안 마신 우유는 **모두 몇 L**인가요?

식 _____ $0.3 \times 8 = \boxed{\phantom{00}}$ _____

꼭! 단위까지
따라 쓰세요.

답 _____ L

---

**6**  $6 \times 2.2$

|   |   | 6 |
|---|---|---|
| × | 2 | 2 |
|   |   |   |

직사각형의 가로는 **6 cm**이고, 세로는 가로의 **2.2배**입니다.
직사각형의 **세로는 몇 cm**인가요?

식 _____

답 _____ cm

---

**7**  $1.6 \times 5$

|   |   |   |
|---|---|---|
|   |   |   |
|   |   |   |

예진이는 매일 **1.6시간**씩 독서를 합니다.
예진이가 **5일** 동안 독서를 한 시간은 **모두 몇 시간**인가요?

식 _____

답 _____ 시간

◐ 간단한 문장제를 풀어 봅니다.

**1** 설탕이 **3 kg** 있습니다.
잼을 만드는 데 설탕의 **0.2만큼** 사용했다면 **사용한 설탕은 몇 kg**인가요?

식 _____

답 _____

**2** 혜성이는 밤을 **2.1 kg** 주웠고, 현아는 혜성이의 **0.8배만큼** 주웠습니다.
**현아가 주운 밤은 몇 kg**인가요?

식 _____

답 _____

**3** 물통에 물이 **2 L** 있었는데 전체의 **0.25만큼** 물병에 담았습니다.
**물병에 담은 물은 몇 L**인가요?

식 _____

답 _____

**4** 탁구공 한 개의 무게는 **2.7 g**입니다.
탁구공 **9개**의 무게는 **모두 몇 g**인가요?

식 _____

답 _____

**5** 민아는 매일 운동장을 **0.9 km**씩 뜁니다.
민아가 **9**일 동안 뛴 거리는 **모두 몇 km**인가요?

식 _____

답 _____

**6** 직사각형의 가로는 **5.7 cm**, 세로는 **3.6 cm**입니다.
이 직사각형의 **넓이는 몇 cm²**인가요?

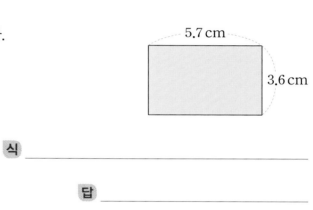

식 _____

답 _____

**7** 한 개의 길이가 **4.65 cm**인 색 테이프 **3개**를 겹치지 않게 길게 이어 붙였습니다.
이어 붙인 색 테이프 **전체의 길이는 몇 cm**인가요?

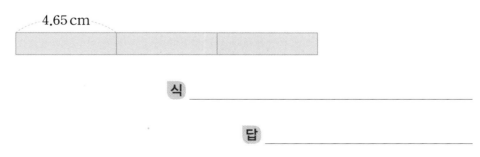

식 _____

답 _____

# 1<sup>일</sup> 수학 문해력 기르기

관련 단원 소수의 곱셈

**문해력 문제 1**

민서는 철사를 겹치지 않게 사용하여/
한 변의 길이가 6.5 cm인 정삼각형을/ 4개 만들었습니다./
민서가 사용한 철사의 길이는 몇 cm인가요?
└ 구하려는 것

**해결 전략**

정삼각형 한 개를 만드는 데 사용한 철사의 길이를 구하려면

❶ (한 변의 길이)× [    ] 을/를 구하고

민서가 사용한 철사의 길이를 구하려면

❷ (정삼각형 한 개를 만드는 데 사용한 철사의 길이)× [    ] 을/를 구한다.

**문제 풀기**

❶ (정삼각형 한 개를 만드는 데 사용한 철사의 길이)=6.5× [    ] = [    ] (cm)

❷ (정삼각형 4개를 만드는 데 사용한 철사의 길이)= [    ] × [    ] = [    ] (cm)

➜ 민서가 사용한 철사의 길이: [    ] cm

답 _____

**문해력 레벨업**

모양 한 개를 만드는 데 사용한 길이를 먼저 구하자.

예 정삼각형 4개를 만드는 데 사용한 철사의 길이 구하기

정삼각형 한 개를 만드는 데 사용한 철사의 길이를 먼저 구하고

3.5 cm

**3.5×3=10.5 (cm)**

정삼각형 **4**개를 만드는 데 사용한 철사의 길이를 구한다.

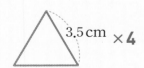

3.5 cm ×**4**

**10.5×4=42 (cm)**

쌍둥이 문제

**1-1** 지아는 끈으로 한 변의 길이가 2.2 cm인 정사각형을/ 6개 만들었습니다./ 지아가 사용한 끈의 길이는 몇 cm인가요?

따라 풀기 ❶

❷

답 _____

문해력 레벨 1

**1-2** 윤지는 가로가 8.4 cm, 세로가 6.8 cm인 직사각형을/ 3개 그렸습니다./ 윤지가 그린 직사각형 3개의 둘레의 합은 몇 cm인가요?

스스로 풀기 ❶ 직사각형 한 개의 둘레 구하기

❷

답 _____

문해력 레벨 2

**1-3** 지율이는 색 테이프로 한 변의 길이가 0.7 m인 정오각형을/ 5개 만들려고 합니다./ 문구점에서 색 테이프를 1 m 단위로 판매한다면 색 테이프는 최소 몇 m 사야 하나요?

스스로 풀기 ❶ 정오각형 한 개를 만드는 데 필요한 색 테이프의 길이 구하기

색 테이프를 모자라지 않으면서 남는 길이가 가장 적게 사야 해.

❷ 정오각형 5개를 만드는 데 필요한 색 테이프의 길이 구하기

❸ 사야 하는 색 테이프의 길이 구하기

답 _____

관련 단원 소수의 곱셈

**문해력 문제2**

밀가루가 10 kg 있습니다./
이 밀가루를 한 봉지에 1.25 kg씩/ 6봉지에 옮겨 담는다면/
남는 밀가루는 몇 kg인가요?
└ 구하려는 것

**해결 전략**

┌ 옮겨 담는 밀가루의 무게를 구하려면 ┐
❶ (한 봉지에 담는 밀가루의 무게)×(봉지 수)를 구한 다음

┌ 남는 밀가루의 무게를 구하려면 ┐
┌ +, −, ×, ÷ 중 알맞은 것 쓰기
❷ (처음에 있던 밀가루의 무게) ◯ (옮겨 담는 밀가루의 무게)를 구한다.

**문제 풀기**

❶ (옮겨 담는 밀가루의 무게)=1.25× ☐ = ☐ (kg)

❷ (남는 밀가루의 무게)=10− ☐ = ☐ (kg)

답 _____

**문해력 레벨업**

남는 양을 구하려면 전체에서 사용한 양을 빼자.

예 남는 밀가루의 무게 구하기

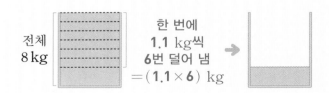

(남는 밀가루의 무게)
=(전체 무게)−(덜어 낸 만큼의 무게)

예 남는 양초의 길이 구하기

(남는 양초의 길이)
=(전체 길이)−(줄어든 만큼의 길이)

**쌍둥이 문제**

**2-1** 한 시간 동안 물을 0.24 L씩 사용하는<sup>※</sup>가습기가 있습니다./ 이 가습기에 물 1 L를 담은 다음/ 4시간 동안 사용했다면/ 남은 물은 몇 L인가요?

**따라 풀기** ❶

**문해력 백과** 📖
가습기: 수증기를 내어 실내의 습도를 조절하는 전기 기구

❷

답 _____

**문해력 레벨 1**

**2-2** 불을 붙이면 일정한 빠르기로/ 1분에 0.54 cm씩 타는<sup>※</sup>양초가 있습니다./ 이 양초에 불을 붙이고/ 6.5분 뒤에 불을 껐습니다./ 처음 양초의 길이가 12 cm였다면/ 타고 남은 양초의 길이는 몇 cm인가요?

**스스로 풀기** ❶

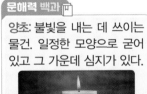

**문해력 백과** 📖
양초: 불빛을 내는 데 쓰이는 물건. 일정한 모양으로 굳어 있고 그 가운데 심지가 있다.

❷

답 _____

**문해력 레벨 2**

**2-3** 은지네 집에 2.8 L짜리 주스 한 병이 있었습니다./ 하루에 0.35 L씩 4일 동안 마시고,/ 하루에 0.15 L씩 3일 동안 마셨다면/ 남은 주스는 몇 L인가요?

**스스로 풀기** ❶ 4일 동안 마신 주스의 양 구하기

❷ 3일 동안 마신 주스의 양 구하기

❸ 남은 주스의 양 구하기

답 _____

# 2<sup>일</sup> 수학 문해력 기르기

관련 단원 소수의 곱셈

**문해력 문제 3**

현우의 키는 125 cm입니다./
예빈이의 키는 현우의 키의 0.9배이고,/
윤아의 키는 예빈이의 키의 1.2배입니다./
**윤아의 키는 몇 cm**인가요?
└─ 구하려는 것

**해결 전략**

문해력 **핵심**

현우의 키를 이용하여 예빈이의 키를 구하고, 예빈이의 키를 이용하여 윤아의 키를 구한다.

{ 예빈이의 키를 구하려면 }

❶ (현우의 키)×0.9를 구하고

{ 윤아의 키를 구하려면 }

❷ (예빈이의 키)× [        ]을/를 구한다.

**문제 풀기**

❶ (예빈이의 키)= [        ] ×0.9= [        ] (cm)

❷ (윤아의 키)= [        ] ×1.2= [        ] (cm)

답 _____

**문해력 레벨업**

주어진 조건을 이용하여 먼저 구할 수 있는 것부터 차례로 구하자.

예 예빈이의 키는 현우의 키의 0.9배, 윤아의 키는 예빈이의 키의 1.2배
　　　　　①　　　　　　　　　　　　　②

①을 이용하여 예빈이의 키를 먼저 구하고

②를 이용하여 윤아의 키를 구한다.

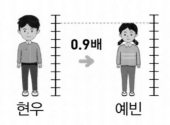

(예빈이의 키)=(현우의 키)×**0.9**

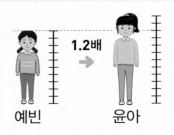

(윤아의 키)=(예빈이의 키)×**1.2**

**쌍둥이 문제**

**3-1** 동화책 무게는 위인전 무게의 0.8배이고,/ 국어사전 무게는 동화책 무게의 1.5배입니다./ 위인전 무게가 1.1 kg이라면/ 국어사전 무게는 몇 kg인가요?

**따라 풀기** ❶

❷

**답** _____

**문해력 레벨 1**

**3-2** 천재 분식점에서 오늘 하루 동안 김밥 주문 건수는/ 라면 주문 건수의 0.85배보다 22건 더 많았고,/ 떡볶이 주문 건수는 김밥 주문 건수의 1.5배였습니다./ 라면 주문 건수가 80건이라면/ 떡볶이 주문 건수는 몇 건인가요?

**스스로 풀기** ❶ 김밥 주문 건수 구하기

❷ 떡볶이 주문 건수 구하기

**답** _____

**문해력 레벨 2**

**3-3** 예지네 학교 여학생 수는 240명이고,/ 남학생 수는 여학생 수의 1.05배입니다./ 이 학교 전체 학생 수의 0.75배가 햇살 마을에 산다면/ 예지네 학교 학생 중 햇살 마을에 사는 학생은 몇 명인가요?

**스스로 풀기** ❶ 남학생 수 구하기

❷ 예지네 학교 전체 학생 수 구하기

❸ 햇살 마을에 사는 학생 수 구하기

**답** _____

# 2<sup>일</sup> 수학 문해력 기르기

관련 단원 소수의 곱셈

**문해력 문제 4**

길이가 **30 cm**인 고무줄이 있습니다./
이 고무줄을 양쪽에서 잡아당겼더니/ 처음 길이의 **0.15배** 더 늘어났다면/
이때의 고무줄의 길이는 몇 cm인가요?
└ 구하려는 것

**해결 전략**

더 늘어난 고무줄의 길이를 구하려면

❶ (처음 고무줄의 길이)× 0.15를 구한 다음

잡아당겼을 때의 고무줄의 길이를 구하려면

❷ (처음 고무줄의 길이) ◯ (더 늘어난 고무줄의 길이)를 구한다.
└ +, −, ×, ÷ 중 알맞은 것 쓰기

**문제 풀기**

❶ (더 늘어난 고무줄의 길이)= ☐ × 0.15 = ☐ (cm)

❷ (잡아당겼을 때의 고무줄의 길이)= 30 + ☐ = ☐ (cm)

답 _____

**문해력 레벨업**

처음 양에 늘어난 만큼은 더하고, 줄어든 만큼은 빼자.

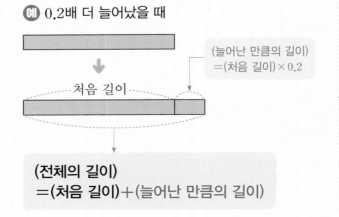

예 0.2배 더 늘어났을 때

(늘어난 만큼의 길이)
=(처음 길이)×0.2

처음 길이

(전체의 길이)
=(처음 길이)+(늘어난 만큼의 길이)

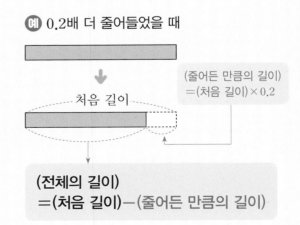

예 0.2배 더 줄어들었을 때

(줄어든 만큼의 길이)
=(처음 길이)×0.2

처음 길이

(전체의 길이)
=(처음 길이)−(줄어든 만큼의 길이)

**4-1** 작년 희정이의 몸무게는 35.5 kg이었습니다./ 올해 몸무게는 작년 몸무게의 0.2배 더 늘었다면/ 올해 희정이의 몸무게는 몇 kg인가요?

따라 풀기  ❶



❷



답 _____


문해력 레벨 1

**4-2** 연아는 마트에서 우유 한 팩과 주스 한 병을 샀습니다./ 우유는 한 팩에 500 mL이고,/ 주스는 우유 양보다 우유 양의 0.25배 더 적게 들어 있습니다./ 연아가 산 우유와 주스는 모두 몇 mL인가요?

스스로 풀기  ❶ 주스의 양 구하기



❷ 우유와 주스의 양 구하기



답 _____


문해력 레벨 2

**4-3** 한 변의 길이가 3 m인 정사각형 모양의 밭을 만들려고 했는데/ 가로의 길이는 0.6배 더 늘이고,/ 세로의 길이는 0.4배 더 줄여서/ 직사각형 모양의 밭을 만들었습니다./ 만든 밭의 넓이는 몇 $m^2$인가요?

스스로 풀기  ❶ 가로 길이 구하기



❷ 세로 길이 구하기



❸ 만든 밭의 넓이 구하기



답 _____

관련 단원 소수의 곱셈

**문해력 문제 5**

미술 시간 준비물로 굵기가 일정한 막대를 준비했습니다./
막대 **1 m**의 무게가 **1.4 kg**이라면/
이 막대 **65 cm**의 무게는 몇 **kg**인가요?
└ 구하려는 것

**해결 전략**

> 1 m를 기준으로 무게가 주어져 있으므로

❶ 65 cm는 몇 m인지 소수로 나타내고

> 막대 65 cm의 무게를 구해야 하므로

❷ (막대 1 m의 무게)×(위 ❶에서 소수로 나타낸 길이)를 구한다.

**문제 풀기**

❶ 65 cm = ⬚ m

❷ (막대 65 cm의 무게)＝1.4× ⬚ ＝ ⬚ (kg)

답 _____

**문해력 레벨업**

길이가 ■배가 되면 무게도 ■배가 된다.

例 굵기가 일정한 막대 1 m의 무게가 0.4 kg일 때 막대 250 cm의 무게 구하기

① 250 cm는 몇 m인지 소수로 나타낸다.

**100 cm = 1 m**이므로 **250 cm = 2.5 m**

② 막대 250 cm의 무게를 구한다.

**1 m**의 무게가 　**0.4 kg**이므로

2.5배　　　　2.5배

**2.5 m**의 무게는 　**1 kg**이다.
└ 0.4×2.5=1 (kg)

> 주어진 단위가 다르면 먼저 단위를 통일해.

쌍둥이 문제

**5-1** 굵기가 일정한 철근 1 m의 무게가 3.9 kg입니다./ 이 철근 240 cm의 무게는 몇 kg인가요?

따라 풀기  ❶


❷


답 _____

문해력 레벨 1

**5-2** 수목원에 굵기가 일정한 통나무가 전시되어 있습니다./ 통나무 0.5 m의 무게가 4.8 kg이라면/ 이 통나무 180 cm의 무게는 몇 kg인가요?

스스로 풀기  ❶ 통나무 1 m의 무게 구하기

먼저 통나무 1 m의
무게를 구하자.

❷ 180 cm는 몇 m인지 소수로 나타내기


❸ 통나무 180 cm의 무게 구하기


답 _____

문해력 레벨 2

**5-3** 민하는 선물을 포장하는 데/ 1 m의 무게가 20.5 g인 빨간색 리본 60 cm와/ 1 m의 무게가 25.7 g인 노란색 리본 0.2 m를 사용했습니다./ 민하가 사용한 리본의 무게는 모두 몇 g인가요?

스스로 풀기  ❶ 60 cm는 몇 m인지 소수로 나타내기


❷ 빨간색 리본 60 cm의 무게 구하기


❸ 노란색 리본 0.2 m의 무게 구하기


❹ 민하가 사용한 리본의 무게 구하기


답 _____

# 수학 문해력 기르기

관련 단원 소수의 곱셈

**문해력 문제 6**

주아가 만든<sup>※</sup>과채주스 2.8 L가 들어 있는/ 병의 무게를 재어 보니 4.3 kg이었습니다./
그중에서 1 L를 다른 통에 옮겨 담은 후/
다시 과채주스가 들어 있는 병의 무게를 재어 보았더니/ 3.05 kg이 되었습니다./
빈 병의 무게는 몇 kg인가요?
↳ 구하려는 것

**해결 전략**

📖 **문해력 백과**
과채주스: 과일이나 채소의 즙을 짜내 만든 주스

┌ 과채주스 1 L의 무게를 구하려면 ┐
❶ (처음에 잰 무게)—(옮겨 담은 후 잰 무게)를 구하고

┌ 과채주스 2.8 L의 무게를 구하려면 ┐
❷ (과채주스 1 L의 무게)× [    ]을/를 구한 다음

┌ 빈 병의 무게를 구해야 하므로 ┐
❸ (처음에 잰 무게)—(주아가 만든 과채주스의 무게)를 구한다.

**문제 풀기**

❶ (과채주스 1 L의 무게)=4.3— [    ]= [    ] (kg)

❷ (과채주스 2.8 L의 무게)= [    ] ×2.8= [    ] (kg)

❸ (빈 병의 무게)=4.3— [    ]= [    ] (kg)

답 _____

**문해력 레벨업**

처음에 잰 무게에서 1 L를 옮겨 담은 후 잰 무게를 빼면 1 L의 무게를 구할 수 있다.

 —  =  1 L

처음에 잰 무게 — 1 L를 옮겨 담은 후 잰 무게 = 1 L의 무게

1 L의 무게를 알면 만든 주스 ■ L의 무게를 구할 수 있어.

쌍둥이 문제

## 6-1

수프 2.7 L가 들어 있는 그릇의 무게를 재어 보니 4 kg이었습니다./ 그중에서 수프 1 L를 먹고 난 후/ 다시 무게를 재어 보았더니/ 2.8 kg이 되었습니다./ 빈 그릇의 무게는 몇 kg인가요?

**따라 풀기** ❶

❷

❸

답 _____

**문해력 레벨 1**

## 6-2

식용유 3 L가 들어 있는 병의 무게를 재어 보니 3.1 kg이었습니다./ 그중에서 식용유 500 mL를 사용한 후/ 다시 무게를 재어 보았더니/ 2.65 kg이 되었습니다./ 처음에 있던 식용유 3 L의 무게는 몇 kg인가요?

**스스로 풀기** ❶ 식용유 500 mL의 무게 구하기

식용유 500 mL의
무게를 2배 하면
식용유 1000 mL(=1 L)의
무게를 구할 수 있어.

❷ 식용유 1 L의 무게 구하기

❸ 식용유 3 L의 무게 구하기

답 _____

**문해력 레벨 2**

## 6-3

음료수 4.6 L가 들어 있는 병의 무게를 재어 보니 5.75 kg이었습니다./ 그중에서 음료수 200 mL를 마시고 난 후/ 다시 무게를 재어 보았더니/ 5.53 kg이 되었습니다./ 빈 병의 무게는 몇 kg인가요?

**스스로 풀기** ❶ 음료수 200 mL의 무게 구하기

❷ 음료수 1 L의 무게 구하기

❸ 음료수 4.6 L의 무게 구하기

❹ 빈 병의 무게 구하기

답 _____

# 수학 문해력 기르기

**문해력 문제 7**

효진이는 한 시간에 3.1 km를 걷습니다./
효진이가 1시간 30분 동안<sup>※</sup>둘레길을 걸었다면/
효진이가 걸은 거리는 몇 km인가요?/ ←구하려는 것
(단, 효진이가 걷는 빠르기는 일정합니다.)

**해결 전략**

> 한 시간에 걷는 거리가 주어져 있으므로

❶ 1시간 30분은 몇 시간인지 소수로 나타내고

> 📖 문해력 백과
> 둘레길: 산이나 호수, 섬 등의 둘레를 걷기 좋게 조성한 길

> 걸은 거리를 구해야 하므로

❷ (한 시간에 걷는 거리)×(위 ❶에서 소수로 나타낸 시간)을 구한다.

**문제 풀기**

❶ 1시간 30분=1$\dfrac{\boxed{\phantom{00}}}{60}$시간=1$\dfrac{\boxed{\phantom{00}}}{10}$시간=$\boxed{\phantom{00}}$시간

분모가 10인 분수로     소수로 나타내기
나타내기

❷ (효진이가 걸은 거리)=3.1×$\boxed{\phantom{00}}$=$\boxed{\phantom{00}}$ (km)

답 _____

**문해력 레벨업**

소수를 이용하여 원하는 시간 단위로 나타낼 수 있다.

📝 2분 30초는 몇 분인지 소수로 나타내기

**60초=1분**이므로 **1초=$\dfrac{1}{60}$분**이다. ➡ **2분 30초=2$\dfrac{30}{60}$분=2$\dfrac{5}{10}$분=2.5분**

📝 1시간 6분은 몇 시간인지 소수로 나타내기

**60분=1시간**이므로 **1분=$\dfrac{1}{60}$시간**이다. ➡ **1시간 6분=1$\dfrac{6}{60}$시간=1$\dfrac{1}{10}$시간=1.1시간**

**쌍둥이** 문제

**7-1** 민석이는 자전거를 타고 한 시간에 11 km를 달립니다./ 민석이가 집에서 자전거를 타고 친구네 집에 가는 데 45분이 걸렸다면/ 민석이가 자전거를 타고 간 거리는 몇 km인가요?/ (단, 민석이가 자전거를 타고 가는 빠르기는 일정합니다.)

따라 풀기  ❶

❷

답

**문해력** 레벨 1

**7-2** 인아는 *드론을 조종해 보았습니다./ 드론이 일직선으로 1분에 350 m를 가는 빠르기로 15초 동안 이동했습니다./ 100 m가 되는 지점까지 일직선으로 가려면 몇 m를 더 이동해야 하나요?/ (단, 드론이 이동하는 빠르기는 일정합니다.)

스스로 풀기  ❶ 15초는 몇 분인지 소수로 나타내기

**문해력 백과** 📖

드론: 사람이 타지 않고 무선으로 조종할 수 있는 비행 물체

❷ 드론이 이동한 거리 구하기

❸ 더 이동해야 하는 거리 구하기

답

**문해력** 레벨 2

**7-3** 혜리는 한 시간에 3.3 km를 걷고,/ 민주는 한 시간에 4.2 km를 걷습니다./ 혜리와 민주가 곧은 도로의 양 끝에서 서로 마주 보고/ 동시에 출발하여 쉬지 않고 걸어서 1시간 12분 후에 만났습니다./ 도로의 길이는 몇 km인가요?/ (단, 두 사람이 걷는 빠르기는 각각 일정합니다.)

스스로 풀기  ❶ 1시간 12분은 몇 시간인지 소수로 나타내기

**문해력 참고** 🎓

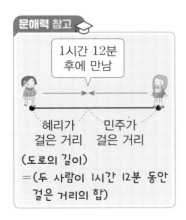

1시간 12분
후에 만남

혜리가
걸은 거리
민주가
걸은 거리

(도로의 길이)
=(두 사람이 I시간 I2분 동안
걸은 거리의 합)

❷ 혜리와 민주가 걸은 거리 각각 구하기

❸ 도로의 길이 구하기

답

관련 단원 소수의 곱셈

**문해력 문제 8**

지율이네 가족은 일정한 빠르기로 1분에 0.8 km를 달리는 기차를 탔습니다./
이 기차가 터널을 완전히 통과하는 데 45초가 걸렸습니다./
기차의 길이가 200 m일 때/ 터널의 길이는 몇 km인가요?
└• 구하려는 것

**해결 전략**

┌ 1분에 달리는 거리가 주어져 있으므로 ┐
❶ 45초는 몇 분인지 소수로 나타내고

┌ 기차가 터널을 완전히 통과하는 데 이동한 거리를 구하려면 ┐
❷ (기차가 1분 동안 달리는 거리)×(위 ❶에서 소수로 나타낸 시간)을 구한다.

┌ 터널의 길이를 구하려면 ┐
❸ (기차가 터널을 완전히 통과하는 데 이동한 거리)−(기차의 길이)를 구한다.

**문제 풀기**

❶ 45초＝$\dfrac{\boxed{\phantom{0}}}{60}$분＝$\dfrac{\boxed{\phantom{0}}}{4}$분＝$\dfrac{\boxed{\phantom{0}}}{100}$분＝$\boxed{\phantom{0}}$분

❷ (기차가 터널을 완전히 통과하는 데 이동한 거리)＝0.8×$\boxed{\phantom{0}}$＝$\boxed{\phantom{0}}$(km)

❸ 기차의 길이는 200 m＝$\boxed{\phantom{0}}$km이므로

(터널의 길이)＝0.6−$\boxed{\phantom{0}}$＝$\boxed{\phantom{0}}$(km)

답 _____

**문해력 레벨업**

기차가 터널을 완전히 통과하는 데 이동한 거리는 터널의 길이와 기차의 길이의 합이다.

터널에 들어가기 시작 　　　　　　　　　　　터널에서 완전히 빠져 나옴

←기차가 터널을 완전히 통과하는 데 이동한 거리→

기차의 앞부분을 기준으로 생각해.

(기차가 터널을 완전히 통과하는 데 이동한 거리)＝(터널의 길이)＋(기차의 길이)
➡ (터널의 길이)＝(기차가 터널을 완전히 통과하는 데 이동한 거리)−(기차의 길이)

**쌍둥이 문제**

**8-1** 수빈이는 기차를 타고 <sup>※</sup>전시회에 갑니다./ 수빈이가 탄 기차는 일정한 빠르기로 1분에 0.75 km
를 달리고,/ 이 기차가 터널을 완전히 통과하는 데 1분 24초가 걸렸습니다./ 기차의 길이가
180 m일 때/ 터널의 길이는 몇 km인가요?

　　　　　**따라 풀기**　❶

**문해력 백과** 📖
전시회: 특정한 물건을 벌　❷
여 차려 놓고 사람들에게
참고가 되게 하는 모임　❸

답 ＿＿＿＿＿＿＿＿＿＿＿

**문해력 레벨 1**

**8-2** 상현이는 일정한 빠르기로 1분에 0.72 km를 달리는 지하철을 탔습니다./ 이 지하철이 다리를
완전히 건너는 데 2분 12초가 걸렸습니다./ 다리의 길이가 1.4 km일 때/ 지하철의 길이는
몇 m인가요?

　　　　　**스스로 풀기**　❶

　　❷

　　❸

답 ＿＿＿＿＿＿＿＿＿＿＿

**문해력 레벨 2**

**8-3** 일정한 빠르기로 1분에 1.8 km를 달리는 기차가 있습니다./ 이 기차가 다음과 같이 첫째 터널에
들어가기 시작하여/ 둘째 터널까지 완전히 통과하는 데 1분 36초가 걸렸습니다./ 터널 2개의
길이가 각각 0.7 km씩이고,/ 기차의 길이가 240 m일 때/ 터널 사이의 거리는 몇 km인가요?

　　　　　**스스로 풀기**　❶

**문해력 참고** 🎓
기차가 1분 36초 동안 이동한　❷
거리는 기차가 첫째 터널에
들어가기 시작해서부터 터널
사이의 길을 지나 둘째 터널
을 완전히 빠져나올 때까지　❸
이동한 거리이다.

답 ＿＿＿＿＿＿＿＿＿＿＿

**4일**

관련 단원 소수의 곱셈

기출 1

일정한 빠르기로 한 시간에 60 km를 달리는 자동차가 있습니다./ 이 자동차가 1 km를 달리는 데/ 휘발유가 0.06 L 필요하다면,/ 같은 빠르기로 2시간 30분 동안 달리는 데/ 필요한 휘발유는 몇 L인가요?/ (단, 자동차가 달리는 데 필요한 휘발유의 양은 일정합니다.)

해결 전략

2시간 30분 동안 달리는 데 필요한 휘발유의 양

$=$

☐ km를 달리는 데 필요한 휘발유의 양

먼저 2시간 30분 동안 달리는 거리를 구하자.

※21년 하반기 20번 기출 유형

문제 풀기

❶ 2시간 30분은 몇 시간인지 소수로 나타내기

2시간 30분 $= 2\dfrac{\boxed{\phantom{00}}}{60}$ 시간 $= 2\dfrac{\boxed{\phantom{00}}}{10}$ 시간 $= \boxed{\phantom{000}}$ 시간

❷ 2시간 30분 동안 달리는 거리 구하기

(2시간 30분 동안 달리는 거리) $= 60 \times \boxed{\phantom{000}} = \boxed{\phantom{000}}$ (km)

❸ 2시간 30분 동안 달리는 데 필요한 휘발유의 양 구하기

답 _____

관련 단원 소수의 곱셈

**기출 2**

다음을 보고 규칙을 찾아/ 0.7을 76개 곱했을 때/ 곱의 소수 76째 자리 숫자를 구하세요.

$$0.7 = 0.7$$
$$0.7 \times 0.7 = 0.49$$
$$0.7 \times 0.7 \times 0.7 = 0.343$$
$$0.7 \times 0.7 \times 0.7 \times 0.7 = 0.2401$$
$$0.7 \times 0.7 \times 0.7 \times 0.7 \times 0.7 = 0.16807$$

**해결 전략**

$0.7 = 0.7$ ← 0.7을 **1**개 곱했을 때 곱의 소수 **첫째** 자리 숫자(=소수점 아래 끝자리 숫자)

$0.7 \times 0.7 = 0.49$ ← 0.7을 **2**개 곱했을 때 곱의 소수 **둘째** 자리 숫자(=소수점 아래 끝자리 숫자)

$0.7 \times 0.7 \times 0.7 = 0.343$ ← 0.7을 **3**개 곱했을 때 곱의 소수 **셋째** 자리 숫자(=소수점 아래 끝자리 숫자)

⋮　　　　　　　⋮

※ 19년 하반기 16번 기출 유형

**문제 풀기**

❶ 0.7을 76개 곱했을 때 곱의 소수 76째 자리 숫자의 위치 알아보기

소수 한 자리 수를 76개 곱하면 곱은 소수 ▭ 자리 수가 된다.

따라서 곱의 소수 76째 자리 숫자는 곱의 소수점 아래 끝자리 숫자이다.

❷ 0.7을 계속 곱했을 때 곱의 소수점 아래 끝자리 숫자가 반복되는 규칙 알아보기

❸ 곱의 소수 76째 자리 숫자 구하기

답 _____

# 수학 문해력 완성하기

**창의 3**

하린이는 미국 여행에서/ 가격이 다음과 같은 물건을 주어진 수만큼 사고/ 200<sup>※</sup>달러를 냈습니다./ 이날 미국 돈 1달러가 우리나라 돈으로 1200원일 때/ 하린이가 받은 거스름돈은/ 우리나라 돈으로 얼마인가요?

| 볼펜 1자루: 8달러 | 열쇠고리 1개: 5.5달러 | 인형 1개: 28.4달러 |
| 5자루 | 12개 | 3개 |

### 해결 전략

미국 돈 1달러는 우리나라 돈으로 1200원
미국 돈 2달러는 우리나라 돈으로 $1200 \times 2 = 2400$(원)
미국 돈 ▲달러는 우리나라 돈으로 $(1200 \times ▲)$원

### 문제 풀기

**문해력 백과**
달러: 미국에서 사용하는 돈의 단위

❶ 하린이가 물건을 산 금액은 모두 몇 달러인지 구하기

_____

❷ 하린이가 받은 거스름돈은 몇 달러인지 구하기

_____

❸ 하린이가 받은 거스름돈은 우리나라 돈으로 얼마인지 구하기

_____

답 _____

관련 단원 소수의 곱셈

**융합 4**

소리는 기온이 0 ℃일 때 1초에 331.5 m씩 이동하고,/ 기온이 1 ℃ 올라갈 때마다 1초에 0.6 m씩 더 빨라집니다./ 유찬이는 기온이 10 ℃인 날에/※번개를 보고 3초 후에※천둥소리를 들었다면/ 유찬이가 있는 곳은/ 번개가 친 곳으로부터 몇 m 떨어져 있나요?

> 번개와 천둥소리가 함께 발생하더라도
> 번개는 발생한 동시에 볼 수 있지만
> 천둥소리는 우리가 있는 위치까지 도착하려면 시간이 걸려.

### 해결 전략

（예）기온이 0 ℃인 날에 번개를 보고 2초 후에 천둥소리를 들었다면

 소리는 1초에 331.5 m씩 2초 동안 이동 ⟶

번개가 친 곳으로부터
$331.5 \times 2 = 663$ (m)
떨어져 있다.

### 문제 풀기

❶ 기온이 10 ℃인 날에 소리는 1초에 몇 m씩 이동하는지 구하기

기온이 10 ℃ 올라가면 소리는 1초에 $0.6 \times \boxed{\phantom{0}} = \boxed{\phantom{0}}$ (m)씩 더 빨라지므로

기온이 10 ℃인 날에 소리는 1초에 $331.5 + \boxed{\phantom{0}} = \boxed{\phantom{00}}$ (m)씩 이동한다.

❷ 유찬이가 있는 곳은 번개가 친 곳으로부터 몇 m 떨어져 있는지 구하기

답 _____

**문해력 백과** 📖

• 번개: 구름과 구름 사이에서 번쩍이는 강한 불꽃
• 천둥소리: 천둥이 칠 때 나는 소리

## 주말 TEST

# 수학 문해력 평가하기

문제를 읽고 조건을 표시하면서 풀어 봅니다.

40쪽 문해력 1

**1** 현주는 끈으로 한 변의 길이가 4.8 cm인 정육각형을 2개 만들었습니다. 현주가 사용한 끈의 길이는 몇 cm인가요?

풀이

답 _____

42쪽 문해력 2

**2** 선생님께서 찰흙을 학생 한 명당 0.65 kg씩 5명에게 나누어 주려고 합니다. 선생님이 가지고 있는 찰흙이 4.5 kg이라면 남는 찰흙은 몇 kg인가요?

풀이

답 _____

44쪽 문해력 3

**3** 사과의 무게는 배의 무게의 0.55배이고, 멜론의 무게는 사과의 무게의 8배입니다. 배의 무게가 0.5 kg이라면 멜론의 무게는 몇 kg인가요?

풀이

답 _____

**46쪽 문해력 4**

**4** 작년 현지의 키는 142 cm였습니다. 올해 키를 재어 보니 작년 키의 0.08배 더 컸습니다. 올해 현지의 키는 몇 cm인가요?

풀이

답 _____

**48쪽 문해력 5**

**5** 굵기가 일정한 막대 1 m의 무게가 2.45 kg입니다. 이 막대 160 cm의 무게는 몇 kg인가요?

풀이

답 _____

**42쪽 문해력 2**

**6** 불을 붙이면 일정한 빠르기로 1분에 0.6 cm씩 타는 양초가 있습니다. 이 양초에 불을 붙이고 8.5분 뒤에 불을 껐습니다. 처음 양초의 길이가 15 cm였다면 타고 남은 양초의 길이는 몇 cm인가요?

풀이

답 _____

44쪽 문해력 3

**7** ※친환경 빨대를 생산하는 공장에서 이번 달 목표 생산량은 지난달 생산량의 1.3배이고 지난달 생산량은 1500상자였습니다. 이번 달은 오늘까지 이번 달 목표 생산량의 0.9배보다 100상자 더 적게 생산했다면 이번 달 오늘까지의 생산량은 몇 상자인가요?

풀이

답 _____

52쪽 문해력 7

**8** 지연이는 한 시간 동안 2.8 km를 걷습니다. 지연이가 1시간 24분 동안 공원 산책로를 걸었다면 지연이가 걸은 거리는 몇 km인가요? (단, 지연이가 걷는 빠르기는 일정합니다.)

풀이

답 _____

문해력 백과

친환경: 자연환경을 오염하지 않고 자연 그대로의 환경과 잘 어울리는 일

50쪽 문해력 6

**9** 주스 1.8 L가 들어 있는 병의 무게를 재어 보니 3 kg이었습니다. 그중에서 주스 1 L를 마시고 난 후 다시 무게를 재어 보았더니 1.84 kg이 되었습니다. 빈 병의 무게는 몇 kg인가요?

풀이

답 _____

54쪽 문해력 8

**10** 혜진이는 기차를 타고 농촌 체험 학습을 갑니다. 혜진이가 탄 기차는 일정한 빠르기로 1분에 0.8 km를 달리고, 이 기차가 터널을 완전히 통과하는 데 1분 51초가 걸렸습니다. 기차의 길이가 200 m일 때 터널의 길이는 몇 km인가요?

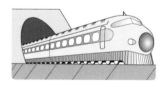

풀이

답 _____

# 3주

# 수의 범위와 어림하기
# 합동과 대칭

이상, 이하, 초과, 미만을 우리 생활에서 활용하여 나타내 봐요.
올림, 버림, 반올림의 의미와 쓰임을 알고 생활에서 필요한 때에 적용해서
사용할 수 있어요.
합동과 대칭의 개념을 이해하여 여러 가지 문제를 해결해 봐요.

# 이번 주에 나오는 어휘 & 지식백과

**72쪽** **케이블카** (cable car)

공중에 설치한 선에 차를 매달아 사람이나 물건을 나르는 장치

**75쪽** **바게트** (baguette)

막대기 모양의 기다란 프랑스 빵으로 껍질이 단단하고 속은 부드럽다.

**77쪽** **인구수** (人 사람 인, 口 입 구, 數 셈 수)

일정 지역 안에 사는 사람 수

**81쪽** **축소** (縮 줄일 축, 小 작을 소)

모양이나 규모 따위를 줄여서 작게 함.

**83쪽** **조형물** (造 지을 조, 形 모양 형, 物 물건 물)

여러 가지 재료를 이용하여 특정한 형태로 만든 모양

**90쪽** **방향제** (芳 꽃다울 방, 香 향기 향, 劑 약제 제)

좋은 향을 가지고 있는 약제를 통틀어 이르는 말

# 문해력 기초 다지기

○ 기초 문제가 어떻게 문장제가 되는지 알아봅니다.

**1** 5 이상 10 미만인 자연수 모두 쓰기 ≫

→ 5, 6, ☐, ☐, ☐

친구들이 캔 감자 수를 나타낸 표입니다.
캔 감자 수가 **5개 이상 10개 미만인 사람**을 모두 찾아 이름을 쓰세요.

캔 감자 수

| 이름 | 민하 | 현주 | 연우 | 지민 |
|------|------|------|------|------|
| 캔 감자 수(개) | 4 | 5 | 6 | 10 |

답 _____

**2** 285를 올림하여 백의 자리까지
나타내기

→ ☐

오늘 축구장에 입장한 사람은 **285명**입니다.
오늘 축구장에 입장한 사람 수를 **올림하여 백의 자리까지** 나타내면 **몇 명**인가요?

꼭! 단위까지
따라 쓰세요.

답 _____ 명

**3** 420을 버림하여 백의 자리까지
나타내기

→ ☐

삼촌이 농장에서 딴 딸기는 **420개**입니다.
삼촌이 농장에서 딴 딸기의 수를 **버림하여 백의 자리까지** 나타내면 **몇 개**인가요?

답 _____ 개

**4** 193을 반올림하여 십의 자리까지 ≫
나타내기

→ ☐

강당에 학생이 **193명** 있습니다.
강당에 있는 학생 수를 **반올림하여 십의 자리까지** 나타내면 **몇 명**인가요?

답 _____ 명

**5** 두 도형이 서로 합동이면 ○표, 아니면 ×표 하기

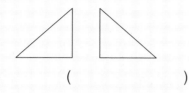

(      )

혜진이는 도형을 여러 개 그려 보았습니다.
**도형 가와 서로 합동인 도형을 찾아 기호를 쓰세요.**

답 _____

**6** 선분 ㄱㄷ을 대칭축으로 하는 선대칭도형에서 ☐ 안에 알맞은 수 써넣기

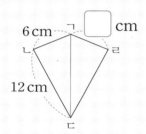

색종이로 선분 ㄱㄷ을 대칭축으로 하는 **선대칭도형**을 만들었습니다.
**변 ㄱㄹ은 몇 cm인가요?**

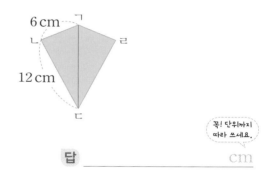

꼭! 단위까지 따라 쓰세요.

답 _____ cm

**7** 점 ㅇ을 대칭의 중심으로 하는 점대칭도형에서 ☐ 안에 알맞은 수 써넣기

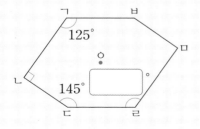

색종이로 점 ㅇ을 대칭의 중심으로 하는 **점대칭도형**을 만들었습니다.
**각 ㄷㄹㅁ의 크기는 몇 도인가요?**

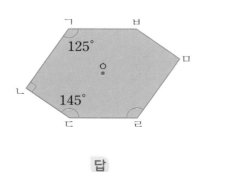

답 _____

◯ 간단한 문장제를 풀어 봅니다.

**1** 주어진 수의 범위를 이상, 이하, 초과, 미만 중에서 **알맞은 말을 이용**하여 나타내 보세요.

> 20과 같거나 크고 30보다 작은 수

답 _____

**2** **10** 초과 **16** 미만인 자연수는 모두 **몇 개**인가요?

답 _____

**3** 오늘 도서관을 이용한 학생은 **544명**입니다.
오늘 도서관을 이용한 학생 수를 **올림하여 십의 자리까지** 나타내면 **몇 명**인가요?

답 _____

**4** 시원이의 몸무게는 **34.7 kg**입니다.
시원이의 몸무게를 **반올림하여 일의 자리까지** 나타내면 **몇 kg**인가요?

답 _____

**5** 두 도형은 서로 **합동**입니다.
**대응점**과 **대응각**은 각각 **몇 쌍** 있나요?

답 대응점: _____ , 대응각: _____

**6** 직선 ㅅㅇ을 대칭축으로 하는 **선대칭도형**입니다.
**각 ㅂㄱㄴ**의 크기는 **몇 도**인가요?

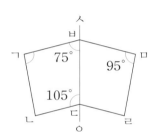

답 _____

**7** 지안이는 점 ㅇ을 대칭의 중심으로 하는 **점대칭도형**을 그렸습니다.
지안이가 그린 도형에서 **변 ㄷㄹ**과 **변 ㅂㅁ**의 길이의 합은 **몇 cm**인가요?

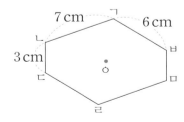

답 _____

# 수학 문해력 기르기

**문해력 문제 1**

연우네 학교에서 선물 추첨 행사를 하기 위해/ 번호가 적힌 종이를 나누어 주었습니다./ 십의 자리 숫자는 7이고,/ 일의 자리 숫자가 4 이상 8 미만인 두 자리 수 번호를/ 가지고 있는 학생들에게 선물을 준다면/ 선물을 받는 학생은 모두 몇 명인가요?
└• 구하려는 것

**해결 전략**

일의 자리 숫자가 될 수 있는 수를 구하려면

❶ 4 이상 8 미만인 수를 모두 구하고

선물을 받는 번호를 구하려면

❷ 십의 자리 숫자가 [ ]이고, 일의 자리 숫자는 위 ❶에서 구한 수인 두 자리 수를 모두 찾는다.

❸ 선물을 받는 학생은 모두 몇 명인지 구한다.

- - - - - - - - - - - - - - - - - - - - - - - - - - - - - - - - - - - -

**문제 풀기**

❶ 4 이상 8 미만인 수: [ ], [ ], [ ], [ ]

❷ 선물을 받는 번호: [ ], [ ], [ ], [ ]

❸ 선물을 받는 학생은 모두 [ ]명이다.

답 _____

**문해력 레벨업**

수의 범위를 이용하여 십의 자리 숫자와 일의 자리 숫자를 구한 후 두 자리 수를 만들자.

예 십의 자리 숫자가 2이고, 일의 자리 숫자가 3 이상 6 미만인 두 자리 수 구하기

| 십의 자리 숫자 | 2 | |
|---|---|---|
| 일의 자리 숫자 | 3 이상 6 미만인 수 | 3, 4, 5 |

**23, 24, 25**

쌍둥이 문제

**1-1** 리안이는 십의 자리 숫자가 5 이상 9 이하이고,/ 일의 자리 숫자가 3인 두 자리 수를 만들려고 합니다./ 리안이가 만들 수 있는 수는 모두 몇 개인가요?

따라 풀기 ❶

❷

❸

답 _____

문해력 레벨 1

**1-2** 혜림이는 자연수 부분이 8이고,/ 소수 첫째 자리 숫자가 1 이상 5 미만인 소수 한 자리 수를 만들려고 합니다./ 혜림이가 만들 수 있는 수는 모두 몇 개인가요?

스스로 풀기 ❶

❷

❸

답 _____

문해력 레벨 2

**1-3** 예빈이는 십의 자리 숫자가 2 초과 5 미만이고,/ 일의 자리 숫자가 7 이상 8 이하인 두 자리 수를 만들려고 합니다./ 예빈이가 만들 수 있는 수를 모두 구하세요.

스스로 풀기 ❶ 십의 자리 숫자가 될 수 있는 수 구하기

❷ 일의 자리 숫자가 될 수 있는 수 구하기

❸ 예빈이가 만들 수 있는 수 구하기

답 _____

관련 단원 수의 범위와 어림하기

**문해력 문제 2**

윤아네 학교 5학년 학생들이 모두<sup>※</sup>케이블카를 타려면/ 한 번에 20명씩 탈 수 있는 케이블카를/ 적어도 4번 운행해야 합니다./ 윤아네 학교 **5학년 학생은 몇 명 이상 몇 명 이하인가요?**
                                                              └ 구하려는 것

**해결 전략**

┌ 학생 수가 가장 적은 경우를 알아보려면 ┐

❶ **케이블카에 20명씩** 타고 3번 운행하고 4번째 케이블카에 1명만 타는 경우를 구하고

┌ 학생 수가 가장 많은 경우를 알아보려면 ┐

❷ **케이블카에 20명씩** 타고 ☐번 운행하는 경우를 구한다.

📖 **문해력 백과**

케이블카: 공중에 설치한 선에 차를 매달아 사람이나 물건을 나르는 장치

❸ 위 ❶과 ❷에서 구한 학생 수를 이용하여 5학년 학생은 몇 명 이상 몇 명 이하인지 구한다.

- - - - - - - - - - - - - - - - - - - - - - - - - - - - - - -

**문제 풀기**

❶ 학생 수가 가장 적은 경우: $20 \times$ ☐ $+$ ☐ $=$ ☐ $+$ ☐ $=$ ☐ (명)

❷ 학생 수가 가장 많은 경우: $20 \times$ ☐ $=$ ☐ (명)

❸ 윤아네 학교 5학년 학생은 ☐명 이상 ☐명 이하이다.

답 _____

**문해력 레벨업**

학생 수가 가장 적은 경우는 마지막 케이블카에 1명만 탈 때이고, 가장 많은 경우는 모두 20명씩 탈 때이다.

• 학생 수가 가장 **적은** 경우

➡ (20×3+1)명

• 학생 수가 가장 **많은** 경우

➡ (20×4)명

**쌍둥이 문제**

**2-1** 과수원에서 수확한 사과를 모두 담으려면/ 한 상자에 30개까지 담을 수 있는 상자가/ 적어도 9개 필요합니다./ 과수원에서 수확한 사과는 몇 개 이상 몇 개 이하인가요?

**따라 풀기** ❶


❷


❸


**답** _____

**문해력 레벨 1**

**2-2** 꽃병 한 개에 장미를 15송이 이상 20송이 이하씩 꽂으려고 합니다./ 꽃병이 5개일 때/ 꽂을 수 있는 장미는 몇 송이 이상 몇 송이 이하인가요?

**스스로 풀기** ❶

꽃병 한 개에 15송이부터 20송이까지 꽂을 수 있어.
❷

❸


**답** _____

**문해력 레벨 2**

**2-3** 현지네 학교 5학년 학생들이 모두 체험 학습을 가려면/ 한 대에 학생 25명까지 탈 수 있는 버스가/ 적어도 5대 필요합니다./ 체험 학습을 마치고 기념품을 학생 한 명에게 한 개씩 나누어 주려고 합니다./ 기념품을 150개 준비했다면/ 남는 기념품은 몇 개 이상 몇 개 이하인가요?

**스스로 풀기** ❶ 학생 수가 가장 적은 경우에 남는 기념품 수 구하기


❷ 학생 수가 가장 많은 경우에 남는 기념품 수 구하기


❸ 남는 기념품 수의 범위 구하기


**답** _____

**문해력 문제 3**

햇살 마을의 초등학생은 512명입니다./
어린이날 선물로 전체 초등학생들에게 **자를 2개씩 나누어** 주려고 합니다./
**문구점에서 자를 10개씩 묶음으로만 판다면**/ 자는 최소 몇 묶음 사야 하나요?
└•구하려는 것

**해결 전략**

전체 학생들에게 나누어 줄 자는 몇 개인지 구하려면

❶ (햇살 마을의 초등학생 수)× [    ] 을/를 구한 다음

문구점에서 자를 최소 몇 묶음 사야 하는지 구하려면

❷ 위 ❶에서 구한 **나누어 줄 자의 개수**를 ( 올림 , 버림 )하여 십의 자리까지 나타내
사야 하는 묶음 수를 구한다.
└•알맞은 말에 ○표 하기

**문제 풀기**

❶ (나누어 줄 자의 개수)=512× [    ] = [          ] (개)

❷ 자를 10개씩 묶음으로 사야 하므로 [          ] 을/를 ( 올림 , 버림 )하여

십의 자리까지 나타내면 [          ] 이다.

따라서 자는 최소 [          ] 묶음 사야 한다.

답 _____

**문해력 레벨업**

올림과 버림 중에서 알맞은 어림 방법을 찾자.

| 자를 **10개씩 묶음**으로 팔 때 **사야 하는** 자의 **최소** 개수 | 동전을 **1000원짜리** 지폐로 **바꿀 때 바꿀 수 있는 최대** 금액 | 물건을 상자에 **10개씩** 담아서 팔 때 **팔 수 있는 최대** 물건 수 |
|---|---|---|
|  모자라지 않게 사야 해. |  1000원만큼이 안되는 돈은 바꿀 수 없어. |  10개가 채워지지 않은 상자는 팔 수 없어. |
| → **올림**하여 **십**의 자리까지 나타낸다. | → **버림**하여 **천**의 자리까지 나타낸다. | → **버림**하여 **십**의 자리까지 나타낸다. |

## 쌍둥이 문제

**3-1** ※바게트 한 개를 만드는 데 밀가루가 160 g 필요합니다./ 바게트 20개를 만들려고 할 때/ 마트에서 밀가루를 한 봉지에 1000 g씩 판다면/ 밀가루는 최소 몇 봉지 사야 하나요?

따라 풀기 ❶

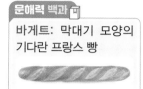

문해력 백과 📖

바게트: 막대기 모양의 기다란 프랑스 빵

❷

답 _____

## 문해력 레벨 1

**3-2** 연아가 저금통에 모은 돈은 100원짜리 동전 27개,/ 50원짜리 동전 10개입니다./ 이 돈을 1000원짜리 지폐로 바꾼다면/ 최대 얼마까지 바꿀 수 있나요?

스스로 풀기 ❶ 저금통에 모은 전체 금액 구하기

❷ 1000원짜리 지폐로 바꿀 수 있는 금액 구하기

답 _____

## 문해력 레벨 2

**3-3** 지아네 과수원에서 어제 딴 감은 495개,/ 오늘 딴 감은 386개입니다./ 어제와 오늘 딴 감을 한 상자에 10개씩 담아서 팔려고 합니다./ 한 상자에 6000원씩 받고/ 상자에 담은 감을 모두 판다면/ 받을 수 있는 돈은 최대 얼마인가요?

스스로 풀기 ❶ 감은 모두 몇 개인지 구하기

❷ 감을 최대 몇 상자까지 담을 수 있는지 구하기

❸ 받을 수 있는 돈은 최대 얼마인지 구하기

답 _____

# 수학 문해력 기르기

관련 단원 수의 범위와 어림하기

**문해력 문제 4**

지영이가 생각한 자연수에 8을 곱한 후/
반올림하여 십의 자리까지 나타내었더니 130이 되었습니다./
지영이가 생각한 수를 구하세요.
└ 구하려는 것

**해결 전략**

과정을 거꾸로 생각해 봐야 하므로

❶ 반올림하여 십의 자리까지 나타내었을 때 130이 되는 자연수의 범위를 구하고

지영이가 생각한 자연수에 8을 곱한 것이므로

❷ 위 ❶에서 구한 범위의 수 중에서 8의 ( 배수 , 약수 )를 찾는다.
└→ 알맞은 말에 ○표 하기

지영이가 생각한 수를 구하려면

❸ (위 ❷에서 찾은 수)÷ ◻️ 을/를 구한다.

**문제 풀기**

❶ 반올림하여 십의 자리까지 나타내었을 때 130이 되는 자연수의 범위:

◻️ 이상 ◻️ 미만

❷ 반올림하기 전의 수는 8의 배수이므로 ◻️ 이다.

❸ 지영이가 생각한 수: ◻️ ÷8= ◻️

답 _____

**문해력 레벨업**

어림 방법을 생각하여 어림하기 전의 수를 구하자.

예 어림하여 십의 자리까지 나타내었을 때 **130**이 되는 수의 범위

① **올림**하였을 때

**120** 초과 **130** 이하인 수
(=130−10)

② **버림**하였을 때

**130** 이상 **140** 미만인 수
(=130+10)

③ **반올림**하였을 때

**125** 이상 **135** 미만인 수
(=130−5)
(=130+5)

 찾은 수의 범위가 맞는지 꼭 확인해 봐.

쌍둥이 문제

**4-1** 민아가 생각한 자연수에 9를 곱한 후/ 올림하여 십의 자리까지 나타내었더니 110이 되었습니다./ 민아가 생각한 수를 구하세요.

따라 풀기  ❶

❷

❸

답 _____

문해력 레벨 1

**4-2** 185와 어떤 자연수를 각각 반올림하여 십의 자리까지 나타낸 다음/ 두 수를 더했더니 400이 되었습니다./ 어떤 자연수는 몇 이상 몇 미만인가요?

스스로 풀기  ❶ 185를 반올림하여 십의 자리까지 나타내기

❷ 어떤 자연수를 반올림하여 십의 자리까지 나타낸 수 구하기

❸ 어떤 자연수의 범위 구하기

답 _____

문해력 레벨 2

**4-3** 수미네 마을 남자※인구수를 반올림하여 백의 자리까지 나타내면 3200명이고,/ 여자 인구수를 반올림하여 백의 자리까지 나타내면 3000명입니다./ 수미네 마을 전체 인구수는 최소 몇 명인가요?

스스로 풀기  ❶ 남자 인구수의 범위 구하기

문해력 어휘 📖

인구수: 일정 지역 안에 사는 사람 수

❷ 여자 인구수의 범위 구하기

❸ 전체 인구수는 최소 몇 명인지 구하기

답 _____

**문해력 문제 5**

지유가 그린 삼각형 ㄱㄴㄷ은 선분 ㄱㄹ을 대칭축으로 하는 선대칭도형입니다./
삼각형 ㄱㄴㄷ의 넓이는 몇 cm²인가요?
└ 구하려는 것

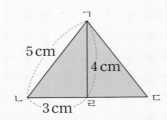

**해결 전략**

삼각형의 넓이를 구하려면

❶ 삼각형 ㄱㄴㄷ의 밑변의 길이와 높이를 구하고

❷ (삼각형의 넓이)=(밑변의 길이)×(높이)÷ ☐ 을/를 구한다.

> **문해력 핵심**
>
> 대칭축은 대응점을 이은 선분을 이등분하는 성질을 이용하여 밑변의 길이를 구하고, 대응점끼리 이은 선분은 대칭축과 수직으로 만나는 성질을 이용하여 높이를 찾는다.

**문제 풀기**

❶ 삼각형 ㄱㄴㄷ의 밑변의 길이와 높이 구하기

(선분 ㄴㄹ)=(선분 ㄷㄹ)= ☐ cm이므로

삼각형 ㄱㄴㄷ의 밑변의 길이는 3+ ☐ = ☐ (cm), 높이는 ☐ cm이다.
　　　　　　　　　　　　　└ 변 ㄴㄷ　　　　　　　　　　　　　└ 선분 ㄱㄹ

❷ (삼각형 ㄱㄴㄷ의 넓이)= ☐ ×4÷2= ☐ (cm²)

답 _____

**문해력 레벨업**

선대칭도형의 성질을 이용하여 넓이를 구하는 데 필요한 길이를 구하자.

삼각형의 넓이를 구하려면 밑변의 길이와 높이를 알아야 해.

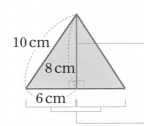

대응점끼리 이은 선분은 대칭축과 수직으로 만난다.
➡ (높이)=8 cm

두 길이는 같다.
➡ (밑변의 길이)=6+6=12 (cm)

쌍둥이 문제

**5-1** 오른쪽 사다리꼴 ㄱㄴㄷㄹ은 선분 ㅁㅂ을 대칭축으로 하는 선
대칭도형입니다./ 사다리꼴 ㄱㄴㄷㄹ의 넓이는·몇 cm²인가요?

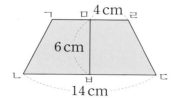

따라 풀기    ❶ 사다리꼴 ㄱㄴㄷㄹ의 윗변의 길이, 아랫변의 길이, 높이 구하기

> 사다리꼴의 넓이를 구하려면
> 윗변의 길이, 아랫변의 길이,
> 높이를 알아야 해.

❷ 사다리꼴 ㄱㄴㄷㄹ의 넓이 구하기

답 _____

문해력 레벨 1

**5-2** 오른쪽 그림에서 사각형 ㄱㄴㄷㅁ은 선분 ㅁㄴ을 대칭축으
로 하는 선대칭도형이고,/ 삼각형 ㅁㄴㄹ은 선분 ㅁㄷ을 대
칭축으로 하는 선대칭도형입니다./ 색칠한 삼각형의 넓이는
몇 cm²인가요?

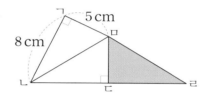

스스로 풀기    ❶ 색칠한 삼각형의 밑변의 길이와 높이 구하기

문해력 핵심
> 색칠한 삼각형의 밑변과
> 높이에 해당하는 부분을
> 찾아 길이를 구한다.

❷ 색칠한 삼각형의 넓이 구하기

답 _____

문해력 레벨 2

**5-3** 오른쪽 삼각형 ㄱㄴㄷ은 선분 ㄱㄹ을 대칭축으로 하는 선대칭
도형입니다./ 삼각형 ㄱㄴㄷ의 넓이는 몇 cm²인가요?

스스로 풀기    ❶ 삼각형 ㄱㄴㄷ의 밑변의 길이 구하기

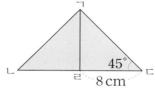
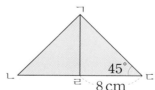

> 삼각형의 높이를 구하려면
> 삼각형 ㄱㄹㄷ의
> 세 각의 크기를 구해
> 어떤 삼각형인지 알아봐.

❷ 삼각형 ㄱㄴㄷ의 높이 구하기

❸ 삼각형 ㄱㄴㄷ의 넓이 구하기

답 _____

# 수학 문해력 기르기

**문해력 문제6**

태형이가 점 ㅇ을 대칭의 중심으로 하는 점대칭도형을 그린 것입니다./
각 ㅂㅁㄴ의 크기는 몇 도인가요?
└ 구하려는 것

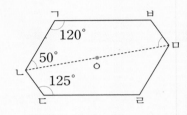

**해결 전략**

점대칭도형에서 각각의 대응각의 크기가 같음을 이용하여

❶ 각 ㄱㅂㅁ의 대응각을 찾아 크기를 구하고

사각형의 네 각의 크기의 합은 360°임을 이용하여

❷ 사각형 ㄱㄴㅁㅂ에서 각 ㅂㅁㄴ의 크기를 구한다.

**문제 풀기**

❶ (각 ㄱㅂㅁ)=(각 ㄹㄷㄴ)=□°

❷ 사각형의 네 각의 크기의 합은 360°이므로
사각형 ㄱㄴㅁㅂ에서
(각 ㅂㅁㄴ)=□°−120°−50°−□°=□°이다.

답

**문해력 레벨업**

점대칭도형의 성질을 이용하여 모르는 부분의 각도를 구하자.

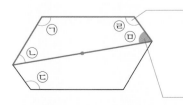

각각의 대응각은 크기가 서로 같다.
➡ (ㄹ의 각도)=(ㄷ의 각도)

사각형의 네 각의 크기의 합은 360°이다.
➡ (ㅁ의 각도)=360°−ㄱ−ㄴ−ㄹ

**쌍둥이 문제**

**6-1** 오른쪽은 선우네 마당에 있는 밭을<sup>※</sup>축소하여 그린 것입니다./ 사각형 ㄱㄴㄷㄹ은 점 ㅇ을 대칭의 중심으로 하는 점대칭도형입니다./ 각 ㄴㄱㄷ의 크기는 몇 도인가요?

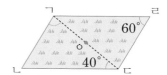

**따라 풀기**   ❶

**문해력 어휘** 𝄇

축소: 모양이나 규모 따위를 줄여서 작게 함.

❷

답 _____

**문해력 레벨 1**

**6-2** 오른쪽은 원의 중심인 점 ㅇ을 대칭의 중심으로 하는 점대칭도형입니다./ 각 ㅇㄷㄴ의 크기는 몇 도인가요?

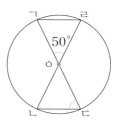

**스스로 풀기**   ❶ 각 ㄴㅇㄷ의 크기 구하기

한 원에서 원의 반지름은 길이가 모두 같아.

❷ 각 ㅇㄷㄴ의 크기 구하기

답 _____

**문해력 레벨 2**

**6-3** 오른쪽은 점 ㅇ을 대칭의 중심으로 하는 점대칭도형입니다./ 선분 ㄷㄴ과 선분 ㄴㅇ이 각각 3 cm일 때/ 각 ㅁㄹㄷ의 크기는 몇 도인가요?

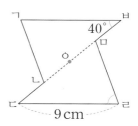

**스스로 풀기**   ❶ 각 ㅁㄷㄹ의 크기 구하기

대칭의 중심은 대응점끼리 이은 선분을 똑같이 나눠.

❷ 선분 ㄷㅁ의 길이 구하기

❸ 각 ㅁㄹㄷ의 크기 구하기

답 _____

# 수학 문해력 기르기

**문해력 문제 7**

삼각형 ㄱㄴㄷ과 삼각형 ㄴㄹㅁ은 서로 합동입니다./
선분 ㄷㄹ은 몇 cm인가요?
└ 구하려는 것

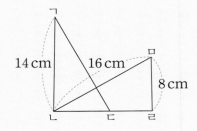

14 cm  16 cm  8 cm

**해결 전략**

합동인 두 도형에서 각각의 대응변의 길이가 서로 같으므로

❶ 변 ㄴㄹ의 대응변을 찾아 길이를 구하고

❷ 변 ㄴㄷ의 대응변을 찾아 길이를 구한다.

선분 ㄷㄹ의 길이를 구하려면

❸ (변 ㄴㄹ)−(변 [ ])을 구한다.

**문제 풀기**

❶ (변 ㄴㄹ)=(변 [ ])=[ ] cm

❷ (변 ㄴㄷ)=(변 [ ])=[ ] cm

❸ (선분 ㄷㄹ)=(변 ㄴㄹ)−(변 ㄴㄷ)=14−[ ]=[ ] (cm)

답 _____

**문해력 레벨업**

합동인 두 도형에서 각각의 대응변의 길이가 서로 같음을 이용하여 모르는 부분의 길이를 구하자.

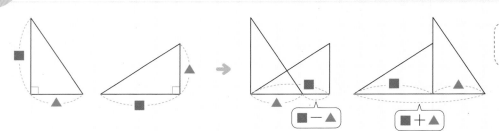

■−▲    ■+▲

합동인 두 도형을
겹치거나 이어 붙였어.

**7-1** 오른쪽은 주영이가 공원에서 본 <sup>※</sup>조형물을 앞에서 본 모양을 그린 것입니다./ 사각형 ㄱㄴㄷㄹ과 사각형 ㅁㅂㅅㄹ은 서로 합동입니다./ 선분 ㄱㅅ은 몇 cm인가요?

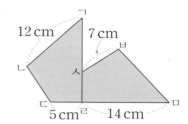

따라 풀기  ❶

문해력 **어휘** 📖

조형물: 여러 가지 재료를 이용하여 특정한 형태로 만든 모양

❷

❸

답 _____

문해력 **레벨 1**

**7-2** 오른쪽 삼각형 ㄴㄷㄹ과 삼각형 ㅁㄱㄹ은 서로 합동입니다./ 삼각형 ㄴㄷㄹ의 둘레는 몇 cm인가요?

스스로 풀기  ❶ 변 ㄴㄹ의 길이 구하기

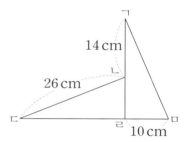

삼각형 ㄴㄷㄹ의 세 변의 길이를 각각 알아보자.

❷ 변 ㄷㄹ의 길이 구하기

❸ 삼각형 ㄴㄷㄹ의 둘레 구하기

답 _____

문해력 **레벨 2**

**7-3** 오른쪽 그림에서 사각형 ㄱㄴㄹㅁ은 사다리꼴이고,/ 삼각형 ㄱㄴㄷ과 삼각형 ㄷㄹㅁ은 서로 합동입니다./ 사각형 ㄱㄴㄹㅁ의 넓이는 몇 cm²인가요?

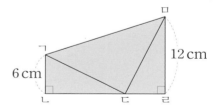

스스로 풀기  ❶ 변 ㄴㄷ의 길이 구하기

❷ 변 ㄷㄹ의 길이 구하기

❸ 사각형 ㄱㄴㄹㅁ의 넓이 구하기

답 _____

**문해력 문제 8**

소현이는 직사각형 모양의 색종이를 그림과 같이 접었습니다./
각 ㄱㅂㄴ의 크기는 몇 도인가요?
┗•구하려는 것

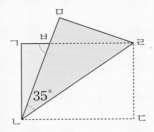

---

**해결 전략**

접기 전 부분과 접힌 부분의 각의 크기가 같음을 이용하여

❶ 각 ㄷㄴㄹ의 크기를 구하고

직사각형의 한 각의 크기는 90°임을 이용하여

❷ 각 ㄱㄴㅂ의 크기를 구한 다음

삼각형의 세 각의 크기의 합은 180°임을 이용하여

❸ 삼각형 ㄱㄴㅂ에서 각 ㄱㅂㄴ의 크기를 구한다.

---

**문제 풀기**

❶ (각 ㄷㄴㄹ)=(각 ㅁㄴㄹ)=□°

❷ (각 ㄱㄴㄷ)=□°이므로

(각 ㄱㄴㅂ)=90°−□°−□°=□°이다.

❸ 삼각형 ㄱㄴㅂ에서 (각 ㅂㄱㄴ)=□°이므로

(각 ㄱㅂㄴ)=180°−90°−□°=□°이다.

답 _____

---

**문해력 레벨업**

종이를 접으면 합동인 두 도형을 찾을 수 있다.

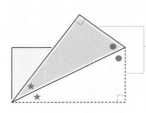

━━▶ 종이를 접으면 두 삼각형은 서로 합동이다.

➡ 각각의 대응변의 길이와 대응각의 크기가 서로 같다.

**쌍둥이 문제**

**8-1** 주아는 정삼각형 모양의 색종이를 오른쪽과 같이 접었습니다./ 각 ㄹㅁㄴ의 크기는 몇 도인가요?

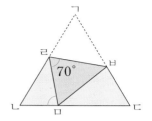

**따라 풀기** ❶


❷


❸

답 _____

**문해력 레벨 1**

**8-2** 영아는 직사각형 모양의 색종이를 오른쪽과 같이 접은 다음/ 펼쳐서 접힌 부분을 따라 오렸습니다./ 오려진 삼각형의 넓이는 몇 cm²인가요?

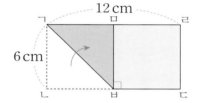

**스스로 풀기** ❶ 각 ㅁㄱㅂ의 크기 구하기

두 각의 크기가 같으면 이등변삼각형이야.

❷ 각 ㅁㅂㄱ의 크기 구하기


❸ 오려진 삼각형의 넓이 구하기

답 _____

**문해력 레벨 2**

**8-3** 수인이는 직사각형 모양의 색종이를 오른쪽과 같이 접었습니다./ 각 ㅂㅈㅇ의 크기는 몇 도인가요?

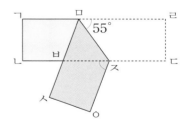

**스스로 풀기** ❶ 각 ㅁㅈㄷ의 크기 구하기


❷ 각 ㅁㅈㅂ의 크기 구하기


❸ 각 ㅂㅈㅇ의 크기 구하기

답 _____

**4일**

**85**

# 수학 문해력 완성하기

관련 단원 합동과 대칭

 기출 1 점 ㅇ을 대칭의 중심으로 하는 점대칭도형의 일부분입니다./ 선분 ㅇㄱ이 3 cm일 때/ 완성한 점대칭도형의 둘레는 몇 cm인가요?

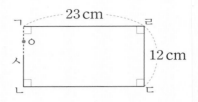

**해결 전략**

점대칭도형을 완성한 다음 ▶ 각각의 대응점에서 대칭의 중심까지의 거리가 같음을 이용하여 **선분 ㅅㄴ의 길이**를 구하고 ▶ 점대칭도형의 **둘레**를 구한다.

※20년 하반기 19번 기출유형

**문제 풀기**

❶ 점대칭도형 완성하기

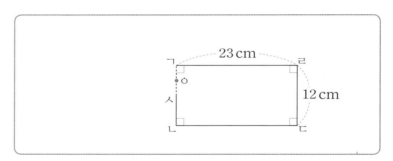

❷ 선분 ㅅㄴ의 길이 구하기

(선분 ㅇㄱ)=(선분 ㅇㅅ)=☐ cm이므로 (선분 ㅅㄴ)=12−☐−☐=☐ (cm)이다.

❸ 점대칭도형의 둘레 구하기

답 _____

관련 단원 수의 범위와 어림하기

**기출 2** 수 카드 4장을 한 번씩만 사용하여/ 네 자리 수를 만들려고 합니다./ 만들 수 있는 수 중에서/ 반올림하여 천의 자리까지 나타내면 3000이 되는 수는/ 모두 몇 개인가요?

| 2 | 3 | 5 | 8 |

**해결 전략**

반올림하여 천의 자리까지 나타내면 3000이 되는 경우

천의 자리 숫자가 **2**인 경우

2□□□ → **3000**

> 백의 자리 숫자가
> 5, 6, 7, 8, 9이면 올린다.

천의 자리 숫자가 **3**인 경우

3□□□ → **3000**

> 백의 자리 숫자가
> 0, 1, 2, 3, 4이면 버린다.

※19년 하반기 17번 기출유형

**문제 풀기**

❶ 천의 자리 숫자가 될 수 있는 수 구하기

천의 자리 숫자가 될 수 있는 수는 □, □이다.

❷ 반올림하여 천의 자리까지 나타내면 3000이 되는 수 구하기

• 천의 자리 숫자가 2인 경우: 백의 자리 숫자는 5, □이/가 될 수 있다.

→ □, □, □, □

• 천의 자리 숫자가 3인 경우: 백의 자리 숫자는 □이/가 될 수 있다.

→ □, □

❸ 반올림하여 천의 자리까지 나타내면 3000이 되는 수는 모두 몇 개인지 구하기

답 _____

# 수학 문해력 완성하기

관련 단원 수의 범위와 어림하기

**융합 3**

혜빈이네 학교 전교생은 615명입니다./ 체육대회 날 전교생에게 공책을 한 권씩 나누어 주려고 합니다./ 문구점, 대형마트, 공장에서 다음과 같이 공책을 판매한다면/ 부족하지 않게 공책을 사는 데/ 필요한 돈이 가장 적은 곳은 어디인가요?

| 문구점 | 대형마트 | 공장 |
|---|---|---|
| 한 권: 500원 | 10권씩 묶음: 4500원 | 100권씩 묶음: 40000원 |

### 해결 전략

**부족하지 않게 살 수 있는 최소 공책 수를** 알아보고 금액을 구한다.
- 문구점: 학생 수에 꼭 맞게 사기 ➡ (500×615)원
- 대형마트: **10권씩 ■묶음** ➡ (4500×■)원
- 공장: **100권씩 ▲묶음** ➡ (40000×▲)원

### 문제 풀기

❶ 문구점에서 사는 데 필요한 금액 구하기

한 권에 500원씩 615권 ➡ 500×615=〔          〕(원)

❷ 대형마트에서 사는 데 필요한 금액 구하기

╺━● 알맞은 말에 ○표 하기
10권씩 묶음이므로 615를 ( 올림 , 버림 )하여 ( 십 , 백 )의 자리까지 나타내면 〔       〕이다.

10권씩 묶음으로 최소 〔   〕묶음 사야 한다. ➡ 4500×〔   〕=〔        〕(원)

❸ 공장에서 사는 데 필요한 금액 구하기

100권씩 묶음이므로 615를 ( 올림 , 버림 )하여 ( 십 , 백 )의 자리까지 나타내면 〔       〕이다.

100권씩 묶음으로 최소 〔   〕묶음 사야 한다. ➡ 40000×〔   〕=〔        〕(원)

❹ 필요한 돈이 가장 적은 곳은 어디인지 구하기

답 _____

관련 단원 합동과 대칭

**융합 4** 다음은 합동인 이등변삼각형 2개를 붙여 만든 모양의 꽃밭입니다./ 이 꽃밭의 ㄴ 지점과 ㄹ 지점을 직선으로 연결하여 길을 만든다면/ 이 길의 거리는 몇 m인가요?

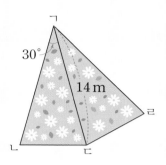

**해결 전략**

이등변삼각형의 성질을 이용하여 길이가 같은 곳을 찾고,
합동인 도형의 성질을 이용하여 각도가 같은 곳을 찾는다.

**문제 풀기**

❶ 변 ㄱㄴ과 변 ㄱㄹ의 길이 구하기

(변 ㄱㄴ)=(변 ㄱㄷ)=□ m, (변 ㄱㄹ)=(변 □)=□ m

❷ 각 ㄹㄱㄷ의 크기 구하기

(각 ㄹㄱㄷ)=(각 □)=□°

❸ 각 ㄴㄱㄹ의 크기 구하기

❹ ㄴ 지점과 ㄹ 지점을 직선으로 연결하여 만든 길의 거리 구하기

답 _____

# 수학 문해력 평가하기

문제를 읽고 조건을 표시하면서 풀어 봅니다.

**70쪽 문해력 1**

**1** 주아는 십의 자리 숫자가 2 초과 5 미만이고, 일의 자리 숫자가 9인 두 자리 수를 만들려고 합니다. 주아가 만들 수 있는 수는 모두 몇 개인가요?

풀이

답 _____

**72쪽 문해력 2**

**2** 미진이네 학교 5학년 학생들이 모두 보트에 타려면 한 대에 15명씩 탈 수 있는 보트가 적어도 12대 필요합니다. 미진이네 학교 5학년 학생은 몇 명 이상 몇 명 이하인가요?

풀이

답 _____

**72쪽 문해력 2**

**3** 상자 한 개에*방향제를 20개 이상 25개 이하씩 담으려고 합니다. 상자가 6개일 때 담을 수 있는 방향제는 몇 개 이상 몇 개 이하인가요?

풀이

답 _____

문해력 어휘
방향제: 좋은 향을 가지고 있는 약제를 통틀어 이르는 말

74쪽 문해력 3

**4** 풍선을 학생 22명에게 6개씩 주려고 합니다. 마트에서 풍선을 한 묶음에 10개씩 판다면 풍선은 최소 몇 묶음 사야 하나요?

풀이

답 _____

76쪽 문해력 4

**5** 유빈이가 생각한 자연수에 7을 곱한 후 올림하여 십의 자리까지 나타내었더니 90이 되었습니다. 유빈이가 생각한 수를 구하세요.

풀이

답 _____

78쪽 문해력 5

**6** 오른쪽 마름모 ㄱㄴㄷㄹ은 선분 ㄱㄷ을 대칭축으로 하는 선대칭도형입니다. 마름모 ㄱㄴㄷㄹ의 넓이는 몇 m²인가요?

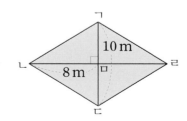

풀이

답 _____

# 수학 문해력 평가하기

80쪽 문해력 6

**7** 점 ㅇ을 대칭의 중심으로 하는 점대칭도형입니다. 각 ㄱㅂㅁ의 크기는 몇 도인가요?

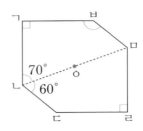

풀이

답 _____

82쪽 문해력 7

**8** 삼각형 ㄱㄴㄷ과 삼각형 ㄷㅁㄹ은 서로 합동입니다. 선분 ㄴㅁ은 몇 cm인가요?

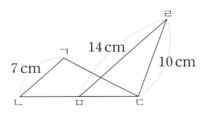

풀이

답 _____

82쪽 문해력 7

**9** 삼각형 ㄱㄴㄷ과 삼각형 ㅁㄹㄷ은 서로 합동입니다. 삼각형 ㅁㄹㄷ의 둘레는 몇 cm인가요?

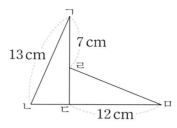

풀이

답 _____

84쪽 문해력 8

**10** 지우는 직사각형 모양의 종이를 그림과 같이 접었습니다. 각 ㄱㅁㄴ의 크기는 몇 도인가요?

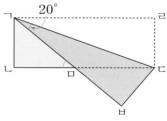

풀이

답 _____

# 평균과 가능성 / 직육면체

우리는 두 모둠의 점수를 비교할 때나 동전을 던져서 숫자 면이 나올 가능성을 구할 때 평균과 가능성을 이용해 문제를 해결해요. 이처럼 생활 속에 있는 다양한 평균과 가능성 문제를 해결해 봐요.

직육면체는 상자, 주사위 등 우리 주변에서 자주 볼 수 있는 도형이에요. 직육면체의 성질과 정육면체의 성질 등 배운 내용을 생각하여 문제를 해결해 봐요.

# 이번 주에 나오는 어휘 & 지식백과

**105쪽** [ 강수량 ] (降 내릴 강, 水 물 수, 量 헤아릴 량)
비, 눈, 우박, 안개 등이 일정 기간 동안 일정한 곳에 내린 양

**106쪽** [ 오케스트라 ] (orchestra)
여러 가지 악기가 모여 연주하는 형태

**108쪽** [ 배출량 ] (排 물리칠 배, 出 날 출, 量 헤아릴 량)
어떤 물질을 안에서 밖으로 내보내는 양

**109쪽** [ 타자 ] (打 칠 타, 字 글자 자)
문서 작성 도구의 글자판을 눌러 글자를 찍음.

**111쪽** [ 역사 교훈 여행 ] (dark tourism)
재난 지역이나 비극적 사건이 일어난 곳을 돌며 교훈을 얻는 여행

**118쪽** [ 큐브 ] (cube)
작은 여러 개의 정육면체가 모여 만들어진 하나의 큰 정육면체를 돌려 각 면을 같은 색깔로 맞추는 장난감

**119쪽** [ 리듬 체조 ] (rhythm + 體 몸 체, 操 잡을 조)
리본, 공, 훌라후프, 곤봉, 로프 등의 도구를 들고 반주 음악의 리듬에 맞추어 연기하는 경기

# 준비학습 문해력 기초 다지기

기초 문제가 어떻게 문장제가 되는지 알아봅니다.

**1** 일이 일어날 가능성을 말로 표현하기

일이 일어날 가능성이 낮다. ←→ 일이 일어날 가능성이 높다.

불가능하다    반반이다    [　　　　]

>> 다음 회전판을 돌릴 때 **화살이 노란색에 멈출 가능성**을 말로 **표현**해 보세요.

답 _____

**2** 일이 일어날 가능성을 수로 표현하기

불가능하다    반반이다    확실하다
0         [　]         1

>> 100원짜리 동전을 한 개 던질 때 **그림 면이 나올 가능성**을 **수로 표현**해 보세요.

그림 면        숫자 면

답 _____

**3**  1  3  5  7  9

(평균)
=(1+3+5+7+[　])÷[　]
=[　]

>> **1**부터 **10**까지의 수 중에서 **홀수의 평균**을 구하세요.

식 　(1+3+5+7+[　])÷[　]=[　]

답 _____

**4**

| 10 | 20 | 30 |

연진이의 줄넘기 기록이 1회에는 **10번**, 2회에는 **20번**, 3회에는 **30번**입니다.
**3회까지의 줄넘기 기록의 평균은 몇 번인가요?**

(평균)

$= (10 + 20 + \boxed{\phantom{0}}) \div \boxed{\phantom{0}}$

$= \boxed{\phantom{0}}$

식 _____

답 _____ 번

꼭! 단위까지
따라 쓰세요.

**5** 세 수의 평균이 **38**일 때

(세 수의 합) $= 38 \times \boxed{\phantom{0}}$

$= \boxed{\phantom{0}}$

아린이네 모둠 3명의 몸무게 평균은 **38 kg**입니다.
**이 3명의 몸무게의 합은 몇 kg인가요?**

식 ___ $\boxed{\phantom{0}} \times \boxed{\phantom{0}} = \boxed{\phantom{0}}$ ___

답 _____ kg

**6**

3 cm
3 cm
3 cm

정육면체의 모서리 수: $\boxed{\phantom{0}}$ 개

정육면체에서 길이가 같은 모서리는 모두 몇 개인가요?

답 _____ 개

**7**

5 cm
5 cm
5 cm

(모든 모서리의 길이의 합)

$= 5 \times \boxed{\phantom{0}} = \boxed{\phantom{0}}$ (cm)

한 모서리의 길이가 **5 cm**인 정육면체가 있습니다.
**이 정육면체의 모든 모서리의 길이의 합은 몇 cm인가요?**

식 _____

답 _____ cm

공부한 날   월   일

준비
학습

**97**

# 문해력 기초 다지기

◯ 간단한 문장제를 풀어 봅니다.

**1** 나리가 **3일 동안** 읽은 독서량을 나타낸 표입니다.
**나리의 독서량의 평균은 몇 쪽**인가요?

나리의 독서량

| 요일 | 월 | 화 | 수 |
|------|------|------|------|
| 독서량(쪽) | 12 | 14 | 16 |

식 _____   답 _____

**2** 위 **1**의 표를 보고 나리가 목요일까지 읽은 독서량의 평균이 수요일까지 읽은 독서량의 평균보다 높으려면
**목요일에는 적어도 몇 쪽을 읽어야 하는지** 구하세요.

답 _____

**3** 효진이네 모둠의 훌라후프 돌리기 기록을 나타낸 표입니다.
효진이네 모둠의 **훌라후프 돌리기 기록의 평균은 몇 분**인가요?

효진이네 모둠의 훌라후프 돌리기 기록

| 이름 | 효진 | 영아 | 시훈 | 재현 |
|------|------|------|------|------|
| 기록(분) | 40 | 30 | 32 | 30 |

식 _____   답 _____

**4** 유정이는 지난 한 해 동안 한 달 평균 **4000원**을 저금하였습니다.
유정이가 지난 **한 해 동안 저금한 금액은 모두 얼마인가요?**

식 _____          답 _____

**5** 버스가 **6시간 동안 300 km**를 달렸습니다.
이 버스는 **한 시간 동안 평균 몇 km**를 달린 건가요?

식 _____          답 _____

**6** 오른쪽 직육면체에서 **빨간색 모서리와 길이가 같은 모서리**는 빨간색 모서리를
포함하여 모두 **몇 개인가요?**

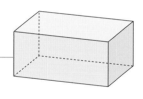

빨간색 모서리•

답 _____

**7** 오른쪽 직육면체에서 **색칠한 면과 평행한 면의 모서리의 길이의 합은
몇 cm인가요?**

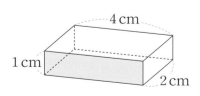

4 cm
1 cm
2 cm

식 _____          답 _____

# 수학 문해력 기르기

**문해력 문제 1**

1부터 6까지의 눈이 그려진 주사위를 한 번 굴려/
나온 눈의 수가 1 이상일 가능성을/
수로 표현해 보세요.
└ 구하려는 것

**해결 전략**

❶ 주사위를 굴려 **나올 수 있는 눈의 수**와
   **나온 눈의 수가 1 이상**인 경우를 각각 모두 쓰고

❷ 위 ❶에서 쓴 수들을 비교하여 가능성을 말로 표현한 다음
   0부터 1까지의 수로 표현한다.

**문제 풀기**

❶ 주사위를 굴려 나올 수 있는 눈의 수: <u>1 , 2 ,   ,   ,  </u>

   나온 눈의 수가 1 이상인 경우: <u>1 , 2 ,   ,   ,  </u>

❷ 나온 눈의 수가 1 이상일 가능성은
   '( 확실하다 , 반반이다 , 불가능하다 )'이며, 수로 표현하면 ☐ 이다.
   └─────┘ •알맞은 말에 ○표 하기

답 _____

**문해력 레벨업**

전체의 경우와 주어진 조건의 경우를 비교하여 일이 일어날 가능성을 구하자.

예 <u>1부터 6까지의 눈이 그려진 주사위를 굴렸을 때</u> <u>나온 눈의 수가 7 이하일</u> 가능성
   └─• 일이 일어날 전체의 경우          └─• 주어진 조건의 경우

   주사위를 굴려 나올 수 있는 눈의 수: **1, 2, 3, 4, 5, 6**  ⎫ 수가 모두 **같으므로**
   나온 눈의 수가 7 이하인 경우: **1, 2, 3, 4, 5, 6**  ⎬ 일이 일어날 가능성은
                                              ⎭
   말 **확실하다**  수 **1**

**쌍둥이 문제**

**1-1** 1부터 6까지의 눈이 그려진 주사위를 한 번 굴려/ 나온 눈의 수가 7 이상일 가능성을/ 수로 표현해 보세요.

> **따라 풀기** ❶
>
> ❷

답 _____

**문해력 레벨 1**

**1-2** 상자 안에 들어 있는 10개의제비 중에서/ 당첨 제비는 10개입니다./ 이 상자에서 제비 한 개를 뽑을 때/ 뽑은 제비가 당첨 제비가 아닐 가능성을/ 수로 표현해 보세요.

> **스스로 풀기** ❶ 나올 수 있는 제비의 종류와 당첨 제비가 아닌 경우 구하기

**문해력 어휘 📖**

제비: 여럿 가운데 어느 하나를 골라 승부나 차례 등을 결정하는 방법. 또는 그것에 쓰는 종이나 물건

> ❷

답 _____

**문해력 레벨 2**

**1-3** 상자 안에 크기가 같은 빨간색 공 3개, 파란색 공 3개, 노란색 공 6개가 들어 있습니다./ 이 상자에서 공을 한 개 꺼낼 때/ 꺼낸 공이 노란색 공일 가능성을/ 수로 표현해 보세요.

> **스스로 풀기** ❶ 상자 안에 들어 있는 전체 공의 수와 노란색 공의 수 구하기
>
> ❷ 꺼낸 공이 노란색 공일 가능성을 수로 표현하기

답 _____

관련 단원 평균과 가능성

**문해력 문제 2**

1부터 6까지의 눈이 그려진 주사위를/ 한 번 굴렸을 때,/
일이 일어날 가능성이 더 높은 것의 기호를 쓰세요.
└ 구하려는 것

> ㉠ 나온 주사위의 눈의 수가 짝수일 가능성
> ㉡ 나온 주사위의 눈의 수가 9 이상일 가능성

**해결 전략**

❶ 나온 주사위의 눈의 수가 짝수인 경우를 모두 찾아 가능성을 말로 표현하고

❷ 나온 주사위의 눈의 수가 9 이상인 경우를 찾아 가능성을 말로 표현해서

❸ 위 ❶과 ❷에서 말로 표현한 가능성을 비교하여 일이 일어날 가능성이 더 높은 것을 찾는다.

---

**문제 풀기**

❶ ㉠ 나온 주사위의 눈의 수가 짝수인 경우: 2, ☐ , ☐

→ 가능성: ( 확실하다 , 반반이다 , 불가능하다 )
└────────────→ 알맞은 말에 ○표 하기

❷ ㉡ 나온 주사위의 눈의 수가 9 이상인 경우: _____

→ 가능성: ( 확실하다 , 반반이다 , 불가능하다 )

❸ 일이 일어날 가능성이 더 높은 것: ( ㉠ , ㉡ )

답 _____

**문해력 레벨업**

일이 일어날 가능성을 비교해 보자.

────── 일이 일어날 가능성이 높아진다. ──────→

| 불가능하다 | 반반이다 | 확실하다 |

←────── 일이 일어날 가능성이 낮아진다. ──────

**쌍둥이 문제**

**2-1** 1부터 12까지의 수가 각각 쓰인 수 카드가 12장 있습니다./ 이 수 카드 중에서 한 장을 뽑을 때,/ 일이 일어날 가능성이 더 높은 것의 기호를 쓰세요.

> ㉠ 뽑은 수 카드의 수가 15일 가능성
> ㉡ 뽑은 수 카드의 수가 12의 약수일 가능성

**따라 풀기** ❶

❷

❸

답 _____

**문해력 레벨 1**

**2-2** 1부터 6까지의 눈이 그려진 주사위를/ 한 번 굴렸습니다./ 일이 일어날 가능성이 가장 높은 것을 찾아 기호를 쓰세요.

> ㉠ 나온 주사위의 눈의 수가 4의 약수일 가능성
> ㉡ 나온 주사위의 눈의 수가 0일 가능성
> ㉢ 나온 주사위의 눈의 수가 6 이하일 가능성

**스스로 풀기** ❶ ㉠이 일어날 가능성을 말로 표현하기

❷ ㉡이 일어날 가능성을 말로 표현하기

❸ ㉢이 일어날 가능성을 말로 표현하기

❹ 일이 일어날 가능성이 가장 높은 것 찾기

답 _____

# 수학 문해력 기르기

**문해력 문제 3**

동화책을 선아는 4일 동안 80쪽,/
재우는 6일 동안 90쪽 읽었습니다./
하루에 읽은 동화책 쪽수의 평균이 더 높은 사람은 누구인가요?
└구하려는 것

## 해결 전략

선아가 하루에 읽은 동화책 쪽수의 평균을 구하려면

❶ (선아가 4일 동안 읽은 동화책 쪽수) ◯ 4를 구하고
└ +, −, ×, ÷ 중 알맞은 것 쓰기

재우가 하루에 읽은 동화책 쪽수의 평균을 구하려면

❷ (재우가 6일 동안 읽은 동화책 쪽수) ◯ 6을 구해서

하루에 읽은 동화책 쪽수의 평균이 더 높은 사람은 누구인지 구하려면

❸ 위 ❶과 ❷에서 구한 두 평균의 크기를 비교한다.

## 문제 풀기

❶ (선아가 하루에 읽은 동화책 쪽수의 평균)＝80÷□＝□(쪽)

❷ (재우가 하루에 읽은 동화책 쪽수의 평균)＝□÷□＝□(쪽)

선아의 평균   재우의 평균
❸ □ ◯ □ 이므로
└ >, < 중 알맞은 것 쓰기
하루에 읽은 동화책 쪽수의 평균이 더 높은 사람은 □ 이다.

답 _____

## 문해력 레벨업

자료의 값을 모두 더한 수와 자료의 수를 찾아 평균을 구하자.

자료의 수   자료의 값을 모두 더한 수

◉ 수진이는 3달 동안 9권의 책을 읽었습니다.
↓
한 달에 읽은 책 수의 평균: 9÷3＝3(권)

**쌍둥이** 문제

**3-1** ㉠ 지역에서 25일 동안 측정한*강수량은 125 mm였고,/ ㉡ 지역에서 20일 동안 측정한 강
수량은 120 mm였습니다./ 측정 기간에 강수량의 평균이 더 높은 지역은 어디인가요?

**따라 풀기** ❶

**문해력 어휘** 📖  ❷

강수량: 비, 눈, 우박,
안개 등이 일정 기간 동
안 일정한 곳에 내린 양  ❸

답 _____

**문해력** 레벨 1

**3-2** 해나네 모둠 학생 4명과/ 건후네 모둠 학생 4명의 수학 점수입니다./ 수학 점수의 평균이 더
낮은 모둠의 수학 점수의 평균은 몇 점인가요?

| 해나네 모둠 | 60점, 85점, 80점, 95점 |
|---|---|
| 건후네 모둠 | 80점, 72점, 86점, 90점 |

**스스로 풀기** ❶

❷

❸

답 _____

**문해력** 레벨 2

**3-3** 영재네 모둠 학생 4명과/ 진주네 모둠 학생 5명의 줄넘기 이중 뛰기 횟수입니다./ 어느 모둠
의 줄넘기 이중 뛰기 횟수의 평균이 더 높은가요?

| 영재네 모둠 | 45번, 30번, 42번, 39번 |
|---|---|
| 진주네 모둠 | 48번, 46번, 32번, 35번, 24번 |

**스스로 풀기** ❶ 영재네 모둠의 줄넘기 이중 뛰기 횟수의 평균 구하기

자료의 값의 합이 크거나
자료의 수가 많다고 평균이
더 높은 것은 아니야.

❷ 진주네 모둠의 줄넘기 이중 뛰기 횟수의 평균 구하기

❸ 두 모둠의 줄넘기 이중 뛰기 횟수의 평균 비교하기

답 _____

공부한 날

월

일

**2**일

105

# 수학 문해력 기르기

**문해력 문제 4**

문화센터의*오케스트라 반 회원 6명의 나이의 평균은 15살이고,/
합창 반 회원 5명의 나이의 평균은 26살입니다./
두 반 회원의 나이의 평균은 몇 살인가요?
└ 구하려는 것

**해결 전략**

[ 각 반 회원의 나이의 합을 구하려면 ]

❶ 각 반 (회원의 나이의 평균)×(회원 수)를 구하고

❷ 두 반 회원의 나이의 합과 회원 수의 합을 구해서

[ 두 반 회원의 나이의 평균을 구하려면 ]

❸ (두 반 회원의 나이의 합) ◯ (두 반 회원 수의 합)을 구한다.
└ +, −, ×, ÷ 중 알맞은 것 쓰기

📖 **문해력 어휘**

오케스트라: 여러 가지 악기가 모여 연주하는 형태

**문제 풀기**

❶ (오케스트라 반 회원의 나이의 합)$=15 \times 6 =$ ☐ (살)

(합창 반 회원의 나이의 합)$=26 \times$ ☐ $=130$(살)

❷ (두 반 회원의 나이의 합)$=$ ☐ $+130=$ ☐ (살)

(두 반 회원 수의 합)$=$ ☐ 명

❸ (두 반 회원의 나이의 평균)$=$ ☐ $\div 11 =$ ☐ (살)

답 _____

**문해력 레벨업**

평균과 자료의 수가 다른 두 집단 전체의 평균을 구하자.

$$\frac{\text{A 집단의 자료의 값을 모두 더한 수} + \text{B 집단의 자료의 값을 모두 더한 수}}{\text{A 집단의 자료의 수} + \text{B 집단의 자료의 수}} = \text{두 집단 전체의 평균}$$

• 정답과 해설 **22쪽**

복습책 34쪽에 유사, 심화문제 제공

**4-1** 미리네 반 남학생 12명의 몸무게 평균은 40 kg이고,/ 여학생 8명의 몸무게 평균은 35 kg입니다./ 미리네 반 학생들의 몸무게의 평균은 몇 kg인가요?

따라 풀기  ❶

❷

❸

답 _____

문해력 레벨 1

**4-2** 버스가 한 시간에 80 km를 가는 빠르기로 160 km를 달린 후/ 곧장 한 시간에 70 km를 가는 빠르기로 210 km를 달렸습니다./ 이 버스가 한 시간 동안 달린 거리의 평균은 몇 km인가요?

스스로 풀기  ❶ 버스가 160 km와 210 km를 가는 데 걸린 시간 각각 구하기

❷ 버스가 달린 전체 거리와 전체 걸린 시간 구하기

❸ 버스가 한 시간 동안 달린 거리의 평균 구하기

답 _____

문해력 레벨 2

**4-3** 진우네 모둠 학생 6명의 키의 평균은 152.4 cm입니다./ 키가 154.6 cm, 155 cm인 학생 2명이 새로 진우네 모둠이 된다면/ 진우네 모둠 학생들의 키의 평균이 몇 cm 늘어나나요?

스스로 풀기  ❶ 진우네 모둠 학생 6명의 키의 합 구하기

❷ 2명이 늘어난 진우네 모둠 학생들의 키의 평균 구하기

❸ 늘어난 평균 구하기

답 _____

# 수학 문해력 기르기

관련 단원 평균과 가능성

**문해력 문제 5**

㉠, ㉡, ㉢ 세 마을의 하루 쓰레기※배출량을 나타낸 표입니다./
세 마을의 하루 쓰레기 배출량의 평균이 300 kg일 때/
㉡ 마을의 하루 쓰레기 배출량은 몇 kg인가요?
└─구하려는 것

마을별 하루 쓰레기 배출량

| 마을 | ㉠ | ㉡ | ㉢ |
|------|------|------|------|
| 배출량(kg) | 260 | | 330 |

**해결 전략**

📖 문해력 백과
배출량: 어떤 물질을 안에서 밖으로 내보내는 양

세 마을의 하루 쓰레기 배출량의 합을 구하려면

❶ (세 마을의 하루 쓰레기 배출량의 평균)×3을 구하고

㉡ 마을의 하루 쓰레기 배출량을 구하려면

❷ (세 마을의 하루 쓰레기 배출량의 합)
└─위 ❶에서 구한 값
◯ (㉠ 마을과 ㉢ 마을의 하루 쓰레기 배출량의 합)을 구한다.
└─+, −, ×, ÷ 중 알맞은 것 쓰기

**문제 풀기**

❶ (세 마을의 하루 쓰레기 배출량의 합)=300× ☐ = ☐ (kg)

❷ (㉡ 마을의 하루 쓰레기 배출량)= ☐ −(260+330)

= ☐ −590= ☐ (kg)

답 _____

**문해력 레벨업**

주어진 조건을 이용하여 전체 합을 구하고 모르는 자료의 값을 구하자.

예 13, 8, ■의 평균이 10일 때 ■에 알맞은 수 구하기

❶ 평균을 이용하여 세 수의 합을 구하고

평균┐ ┌자료의 수
**10×3=30**

❷ ■에 알맞은 수를 구하자.

주어진 자료의 값
**■=30−(13+8)**

**쌍둥이 문제**

**5-1** 현정이의 키보드타자 기록을 나타낸 표입니다./ 4회까지의 타자 기록의 평균이 325타일 때/ 3회 때 타자 기록은 몇 타인가요?

현정이의 타자 기록

| 회 | 1회 | 2회 | 3회 | 4회 |
|---|---|---|---|---|
| 타자 기록(타) | 290 | 345 | | 315 |

**따라 풀기** ❶

**문해력 어휘** 📖
타자: 문서 작성 도구의 글자판을 눌러 글자를 찍음.

❷

답 _____

**문해력 레벨 1**

**5-2** 재훈이네 가족과 유빈이네 가족의 나이를 나타낸 표입니다./ 두 가족의 나이의 평균이 같을 때/ 유빈이 오빠의 나이는 몇 살인가요?

재훈이네 가족의 나이

| 가족 | 아버지 | 어머니 | 재훈 |
|---|---|---|---|
| 나이(살) | 40 | 38 | 12 |

유빈이네 가족의 나이

| 가족 | 아버지 | 어머니 | 오빠 | 유빈 |
|---|---|---|---|---|
| 나이(살) | 45 | 43 | | 14 |

**스스로 풀기** ❶ 재훈이네 가족의 나이의 평균 구하기

두 가족의 나이의 평균이 같으므로 유빈이네 가족의 나이의 평균은 재훈이네 가족의 나이의 평균을 구하면 돼.

❷ 유빈이네 가족의 나이의 평균 구하기

❸ 유빈이네 가족의 나이의 합 구하기

❹ 유빈이 오빠의 나이 구하기

답 _____

**문해력 문제 6**

진호가 3회까지 뛴 높이뛰기 기록의 **평균**은 130 cm입니다./
4회까지 뛴 높이뛰기 기록의 **평균**이 132 cm라면/
4회 때 뛴 높이뛰기 기록은 몇 cm인가요?
└ 구하려는 것

**해결 전략**

╭─ 4회 때 늘어난 평균을 구하려면
❶ (4회까지 뛴 기록의 평균) ◯ (3회까지 뛴 기록의 평균)을 구하고
└ +, −, ×, ÷ 중 알맞은 것 쓰기

╭─ 4회 때 뛴 높이뛰기 기록을 구하려면
❷ (3회까지 뛴 기록의 평균) ◯ (4회 때 늘어난 평균)×4를 구한다.
└ 위 ❶에서 구한 값

**문제 풀기**

❶ (늘어난 평균)= ☐ − ☐ = ☐ (cm)

❷ (4회 때 뛴 높이뛰기 기록)=130+ ☐ ×4= ☐ (cm)

답 _____

**문해력 레벨업**

평균이 늘어나려면 추가된 자료의 값이 처음 평균보다 높아야 한다.

3회까지의 평균이 130일 때 4회까지의 평균이 132가 되려면

**132**
**130**

| 1회 | 2회 | 3회 | 4회 |

}4회 때 늘어야 할 기록: **2×4**

➜ 4회 때 기록: **130+2×4**

평균이 늘어나려면 4회 때 기록이 3회까지의 평균보다 높아야 해.

**쌍둥이 문제**

**6-1** 정하가 속한 ※역사 교훈 여행 동아리의 회원 수는 4명이고 나이의 평균은 20살입니다./ 이 동아리에 새로운 회원 한 명이 더 들어와서/ 나이의 평균이 22살이 되었다면/ 새로운 회원의 나이는 몇 살인가요?

따라 풀기 ❶

**문해력 백과** 📖

역사 교훈 여행: 재난 지역이나 비극적 사건이 일어난 곳을 돌며 교훈을 얻는 여행

❷

답 _____

**문해력 레벨 1**

**6-2** 선주가 3회까지 본 쪽지 시험 점수의 평균이 24점입니다./ 4회까지 본 쪽지 시험 점수의 평균이 22점이 되었다면/ 4회 때 본 쪽지 시험 점수는 몇 점인가요?

스스로 풀기 ❶

❷

답 _____

**문해력 레벨 2**

**6-3** 성빈이네 모둠의 키를 나타낸 표입니다./ 이 모둠에 전학생 한 명이 더 들어와서/ 키의 평균이 1.2 cm만큼 줄었습니다./ 전학생의 키는 몇 cm인가요?

성빈이네 모둠의 키

| 이름 | 성빈 | 수린 | 해용 | 지희 |
|------|------|------|------|------|
| 키(cm) | 148 | 151 | 157 | 144 |

스스로 풀기 ❶ 전학생이 들어오기 전 성빈이네 모둠의 키의 평균 구하기

❷ 전학생의 키 구하기

답 _____

# 수학 문해력 기르기

**문해력 문제 7**

오른쪽 정육면체의 모든 모서리의 길이의 합은 72 cm입니다./
이 정육면체의 한 면의 넓이는 몇 cm²인가요?
└ 구하려는 것

**해결 전략**

한 모서리의 길이를 구하려면

❶ (모든 모서리의 길이의 합) ◯ (모서리의 수)를 구하고
└ +, −, ×, ÷ 중 알맞은 것 쓰기

한 면의 넓이를 구하려면

❷ (한 모서리의 길이) × (한 모서리의 길이)를 구한다.

**문제 풀기**

❶ (한 모서리의 길이) = 72 ÷ ◻ = ◻ (cm)

❷ (한 면의 넓이) = ◻ × ◻ = ◻ (cm²)

> **문해력 핵심**
> 정육면체는 정사각형 6개로 둘러싸인 도형이므로 모든 모서리의 길이가 같다.

답 _____

**문해력 레벨업**

길이가 같은 모서리의 수를 구하자.

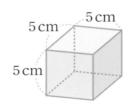

정육면체
모서리 **12**개의 길이가 모두 같다.

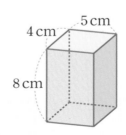

직육면체
길이가 같은 모서리가 각각 **4**개씩 있다.

쌍둥이 문제

**7-1** 모든 모서리의 길이의 합이 96 cm인 정육면체가 있습니다./ 이 정육면체의 한 면의 넓이는 몇 cm²인가요?

따라 풀기  ❶



❷



답 _____

문해력 레벨 1

**7-2** 모든 모서리의 길이의 합이 60 cm인 정육면체가 있습니다./ 이 정육면체에서 한 면의 네 변의 길이의 합은 몇 cm인가요?

스스로 풀기  ❶ 정육면체의 한 모서리의 길이 구하기



❷ 정육면체에서 한 면의 네 변의 길이의 합 구하기



답 _____

문해력 레벨 2

**7-3** 오른쪽 직육면체의 모든 모서리의 길이의 합은 76 cm입니다./ 색칠한 면의 넓이는 몇 cm²인가요?

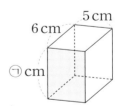

스스로 풀기  ❶ 길이가 서로 다른 세 모서리의 길이의 합을 식으로 나타내기



❷ ㉠의 길이 구하기



❸ 색칠한 면의 넓이 구하기



답 _____

# 수학 문해력 기르기

**문해력 문제 8**

오른쪽 그림과 같이 직육면체 모양의 상자를/
끈으로 한 바퀴씩 둘러쌌습니다./
**사용한 끈의 길이는 적어도 몇 cm인가요?**
└ 구하려는 것

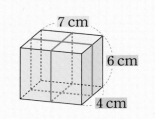

**해결 전략**

❶ 끈으로 둘러싼 곳 중에서
길이가 **7 cm, 6 cm, 4 cm**인 곳의 수를 각각 구하고

┌ 사용한 끈의 길이를 구하려면 ┐

❷ (각 길이) × (각 길이만큼인 곳의 수)의 합을 구한다.
└ 위 ❶에서 구한 값

**문제 풀기**

❶ 길이가 7 cm인 곳: 2군데

길이가 6 cm인 곳: ☐ 군데

길이가 4 cm인 곳: ☐ 군데

❷ 사용한 끈의 길이는 적어도 7×2+6×☐+4×☐＝☐ (cm)이다.

답 _____

**문해력 레벨업**

모서리의 길이를 이용하여 사용한 끈의 길이를 구하자.

면을 가로지르는 끈의 길이는 끈과 평행한 모서리의 길이와 같다.

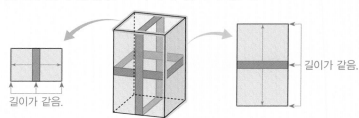

• 정답과 해설 24쪽
🎓 복습책 38쪽에 유사, 심화문제 제공

**쌍둥이 문제**

**8-1** 오른쪽 그림과 같이 직육면체 모양의 상자를/ 끈으로 한 바퀴씩 둘러쌌습니다./ 사용한 끈의 길이는 적어도 몇 cm인가요?

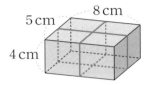

**따라 풀기** ❶

❷

답 _____

**문해력 레벨 1**

**8-2** 오른쪽 그림과 같이 직육면체 모양의 상자를/ 끈으로 한 바퀴씩 둘러 포장했습니다./ 매듭을 묶는 데 사용한 끈의 길이가 10 cm일 때/ 상자를 포장하는 데 사용한 끈의 길이는 적어도 몇 cm인가요?

**스스로 풀기** ❶

상자를 포장하는 데 사용한 끈의 길이는 (상자를 둘러싸는 데 사용한 끈의 길이)＋(매듭을 묶는 데 사용한 끈의 길이)와 같아.

❷ 상자를 둘러싸는 데 사용한 끈의 길이 구하기

❸ 상자를 포장하는 데 사용한 끈의 길이 구하기

답 _____

**문해력 레벨 2**

**8-3** 오른쪽 그림과 같이 직육면체 모양의 상자를 끈으로 한 바퀴씩 둘러 포장했습니다./ 상자를 포장하는 데 사용한 끈의 길이가 112 cm일 때/ 매듭을 묶는 데 사용한 끈의 길이는 몇 cm인가요?

**스스로 풀기** ❶ 길이가 각각 12 cm, 10 cm, 14 cm인 곳의 수 구하기

❷ 상자를 둘러싸는 데 사용한 끈의 길이 구하기

❸ 매듭을 묶는 데 사용한 끈의 길이 구하기

답 _____

# 수학 문해력 완성하기

관련 단원 **직육면체**

 **1** 각각의 면에 23부터 28까지의 자연수가/ 한 개씩 쓰여 있는 정육면체의 전개도입니다./ 이 정육면체의 마주 보는 면에 쓰여 있는 두 수의 합은 모두 같습니다./ ㉠×㉡의 값을 구하세요.

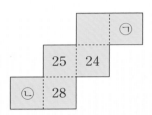

**해결 전략**

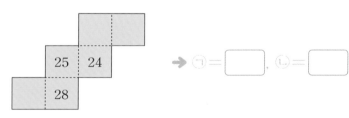

같은 색끼리 마주 보는 면이야.

※16년 하반기 18번 기출 유형

**문제 풀기**

❶ 정육면체에서 마주 보는 면에 쓰여 있는 두 수를 구하기

마주 보는 면에 쓰여 있는 두 수: 25와 [　　], 24와 [　　], 28과 [　　]

❷ 전개도의 면에 수를 모두 써넣고 ㉠과 ㉡의 값 구하기

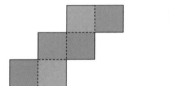

➡ ㉠ = [　　], ㉡ = [　　]

❸ ㉠×㉡의 값 구하기

답 _____

복습책 39~40쪽에 유사, 심화문제 제공

관련 단원 **직육면체**

기출 **2**

가는 정육면체 모양 주사위의 전개도이고,/ 나는 가를 접어 만든 주사위 2개를 이어 붙여 직육면체 모양을 만든 것입니다./ 직육면체 나에서 색칠한 면과 수직인 모든 면의 눈의 수의 합을 구하세요. (단, 이어 붙인 면은 생각하지 않습니다.)

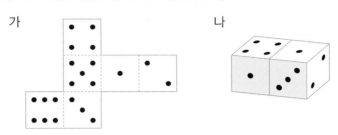

가     나

**해결 전략**

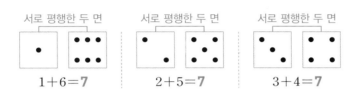

서로 평행한 두 면     서로 평행한 두 면     서로 평행한 두 면

$1+6=$ **7**     $2+5=$ **7**     $3+4=$ **7**

서로 평행한 두 면의 눈의 수의 합은 **7**이다.

※17년 상반기 21번 기출 유형

**문제 풀기**

❶ 색칠한 면과 수직이면서 보이지 않는 모든 면의 눈의 수 구하기

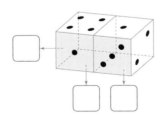

❷ 색칠한 면과 수직인 모든 면의 눈의 수의 합 구하기

색칠한 면과 수직인 면의 눈의 수를 모두 쓰면 1, 4, ☐, ☐, ☐, 2이므로 합은 ☐이다.

답 _____

# 수학 문해력 완성하기

**창의 3** 6개의 면에 서로 다른 색이 색칠된※큐브를/ 여러 방향에서 본 모양입니다./ 빨간색 면과 평행한 면은 무슨 색인가요?

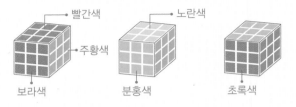

빨간색
노란색
주황색
보라색
분홍색
초록색

**해결 전략**

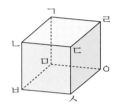

정육면체에서 한 면에 수직인 면은 **4**개, 평행한 면은 **1**개이다.

면 ㄱㄴㄷㄹ과 수직인 면: 면 ㄱㄴㅂㅁ, 면 ㄴㄷㅅㅂ,
　　　　　　　　　　　　면 ㄷㄹㅇㅅ, 면 ㄱㄹㅇㅁ
면 ㄱㄴㄷㄹ과 평행한 면: 면 ㅁㅂㅅㅇ

**문제 풀기**

❶ 큐브의 6개의 면에 칠해진 색 모두 찾기

_____

❷ 빨간색 면과 수직인 면에 칠해진 색 모두 찾기

_____

❸ 빨간색 면과 평행한 면에 칠해진 색 찾기

_____

답 _____

**문해력 백과** 📖
큐브: 작은 여러 개의 정육면체가 모여 만들어진 하나의
큰 정육면체를 돌려 각 면을 같은 색깔로 맞추는 장난감

**융합 4**

다음은 어느※리듬 체조 개인 경기에서 영서가 각 심판에게서 받은 예술 점수와 실시 점수입니다./ 각각 최고 점수와 최저 점수를 제외한 나머지 점수의 평균이 실제로 받는 영서의 최종 점수입니다./ 최종 예술 점수와 최종 실시 점수 중/ 어느 점수가 몇 점 더 높은가요?

### 영서의 리듬 체조 점수

| 심판 | 가 | 나 | 다 | 라 |
|---|---|---|---|---|
| 예술 점수(점) | 8 | 4 | 5 | 7 |

| 심판 | 마 | 바 | 사 | 아 |
|---|---|---|---|---|
| 실시 점수(점) | 9 | 5 | 8 | 8 |

**해결 전략**

예

| 심판 | 가 | 나 | 다 | 라 |
|---|---|---|---|---|
| 점수(점) | 1 | 5 | 3 | 6 |

최저 점수      최고 점수

➡ 최고 점수와 최저 점수를 제외한 나머지 점수의 평균: $(5+3) \div 2$

---

**문제 풀기**

❶ 최종 예술 점수 구하기

예술 점수의 최고 점수는 ☐점, 최저 점수는 ☐점이므로

(최종 예술 점수)$=(5+$ ☐$) \div 2=$ ☐ (점)

❷ 최종 실시 점수 구하기

실시 점수의 최고 점수는 ☐점, 최저 점수는 ☐점이므로

(최종 실시 점수)$=$

❸ 점수 비교하기

최종 예술 점수    최종 실시 점수

☐ ◯ ☐ 이므로 최종 ( 예술 , 실시 ) 점수가 ☐$-$☐$=$☐(점) 더 높다.

┗➤ >, < 중 알맞은 것 쓰기

**답** _____ ,

**문해력 어휘**

리듬 체조: 리본, 공, 훌라후프, 곤봉, 로프 등의 도구를 들고 반주 음악의 리듬에 맞추어 연기하는 경기

문제를 읽고 조건을 표시하면서 풀어 봅니다.

100쪽 문해력 1

**1** 1부터 6까지의 눈이 그려진 주사위를 한 번 굴려 나온 눈의 수가 3 이하일 가능성을 수로 표현해 보세요.

풀이

답 _____

102쪽 문해력 2

**2** 1부터 6까지의 눈이 그려진 주사위를 한 번 굴렸습니다. 일이 일어날 가능성이 더 높은 것의 기호를 쓰세요.

> ㉠ 나온 주사위의 눈의 수가 1 이상일 가능성
> ㉡ 나온 주사위의 눈의 수가 2의 배수일 가능성

풀이

답 _____

112쪽 문해력 7

**3** 모든 모서리의 길이의 합이 84 cm인 정육면체가 있습니다. 이 정육면체의 한 면의 넓이는 몇 $cm^2$인가요?

풀이

답 _____

**104 쪽 문해력 3**

**4** ㉠ 가게에서는 ※베이글을 6일 동안 240개 팔았고, ㉡ 가게에서는 베이글을 8일 동안 280개 팔았습니다. 베이글 판매량의 평균이 더 높은 가게는 어디인가요?

풀이

답 _____

**106 쪽 문해력 4**

**5** 혜진이네 모둠 10명의 멀리뛰기 기록의 평균은 130 cm이고, 희민이네 모둠 15명의 멀리뛰기 기록의 평균은 140 cm입니다. 기록에 참여한 두 모둠의 멀리뛰기 기록의 평균은 몇 cm인가요?

풀이

답 _____

**문해력 어휘 ▥**
베이글: 밀가루, 이스트, 물, 소금만으로 만든 도넛 모양의 빵

108쪽 문해력 5

**6** 네 곳의 주차장 ㉠, ㉡, ㉢, ㉣에 주차할 수 있는 자동차 수를 나타낸 표입니다. 주차장 한 곳에 주차할 수 있는 자동차 수의 평균이 66대일 때, ㉢ 주차장에 주차할 수 있는 자동차는 몇 대인가요?

주차장별 주차할 수 있는 자동차 수

| 주차장 | ㉠ | ㉡ | ㉢ | ㉣ |
|---|---|---|---|---|
| 자동차 수(대) | 62 | 69 | | 58 |

풀이

답 _____

110쪽 문해력 6

**7** 지영이가 3회까지 한 윗몸 말아 올리기 기록의 평균은 30번입니다. 4회까지 한 윗몸 말아 올리기 기록의 평균이 32번이라면 4회 때 한 윗몸 말아 올리기 기록은 몇 번인가요?

풀이

답 _____

114쪽 문해력 8

**8** 오른쪽 그림과 같이 직육면체 모양의 상자에 색 테이프를 붙이려고 합니다. 필요한 색 테이프의 길이는 적어도 몇 cm인가요?

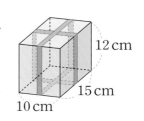

12 cm
15 cm
10 cm

풀이

답 _____

108 쪽 문해력 5

**9** 은지네 가족과 선우네 가족의 나이를 나타낸 표입니다. 두 가족의 나이의 평균이 같을 때 선우 동생의 나이는 몇 살인가요?

은지네 가족의 나이

| 가족 | 아버지 | 어머니 | 은지 |
|------|--------|--------|------|
| 나이(살) | 42 | 36 | 15 |

선우네 가족의 나이

| 가족 | 아버지 | 어머니 | 선우 | 동생 |
|------|--------|--------|------|------|
| 나이(살) | 45 | 45 | 18 | |

풀이

답 _____

114 쪽 문해력 8

**10** 오른쪽 그림과 같이 직육면체 모양의 상자를 끈으로 한 바퀴씩 둘러 포장했습니다. 매듭을 묶는 데 사용한 끈의 길이가 25 cm일 때 상자를 포장하는 데 사용한 끈의 길이는 적어도 몇 cm인가요?

20 cm
15 cm
16 cm

풀이

답 _____

# 복습책

천재교육

초등 문해력
독해가
힘이다

천재교육

빈틈없는
수준별 학습으로
빠져나갈 구멍 없이
완전봉쇄!

사고력

서술형

독해력

이제 긴 문제도
어렵지 않아요!

기본기와 서술형을 한 번에, 확실하게
수학 자신감은 덤으로!

# 수학리더 시리즈 (초1~6 / 학기용)

[연산]　　　　[개념]　　　　[기본]　　　　[유형]　　　[기본＋응용]　　[응용·심화]　　　[최상위]

(*예비초~초6/총14단계)　　　　　　　　　　　　　　　　　　　　　　　　　　　　　　　　　　　　(*초3~6)

### 1-1 유사 문제

**1** 서진이가 이번 주에 받은 용돈은 5000원입니다. 이 용돈을 오늘까지 사용한 금액이 이번 주에 받은 용돈의 $\dfrac{8}{25}$이라면 이번 주에 받은 용돈은 얼마가 남아 있나요?

풀이

답 _____

### 1-2 유사 문제

**2** 아파트 공용 텃밭에 상추와 파를 심으려고 합니다. 전체 텃밭의 $\dfrac{1}{3}$은 상추, 나머지의 $\dfrac{3}{4}$은 파를 심는다면 파를 심을 부분은 전체 텃밭의 몇 분의 몇인가요?

풀이

답 _____

### 1-3 유사 문제

**3** 어느 날 온라인 축구 게임에 접속한 사람은 168명입니다. 이 중 $\dfrac{3}{7}$은 성인이었고, 나머지는 청소년이었습니다. 게임에 접속한 청소년의 $\dfrac{1}{8}$이 이날 처음 가입했다면 처음 가입한 청소년은 몇 명인가요?

출처: ⓒArtush/shutterstock

풀이

답 _____

**2-1** 유사 문제

**4** 현주가 다니는 댄스 학원의*학원비가 올해에는 작년보다 $\frac{1}{6}$만큼 더 올랐다고 합니다. 작년 학원비가 12만 원이었다면 올해에는 학원비가 얼마인가요?

풀이

답 _____

**2-2** 유사 문제

**5** 천재 공원의 놀이터는 가로가 25 m이고 세로가 9 m인 직사각형 모양입니다. 가로만 $\frac{1}{5}$만큼 더 늘려 직사각형 모양의 놀이터를 만드는 공사를 하고 있습니다. 공사 후 놀이터의 넓이는 몇 m²가 되나요?

풀이

답 _____

**2-3** 유사 문제

**6** 어느 동물원의 어린이 요금은 3000원입니다. 청소년 요금은 어린이 요금보다 $\frac{1}{6}$만큼 더 비싸고, 성인 요금은 청소년 요금보다 $\frac{2}{7}$만큼 더 비쌉니다. 이 동물원의 성인 요금은 얼마인가요?

풀이

답 _____

문해력 어휘 📖
학원비: 학원 강의를 받는 데 드는 비용

**3-1** 유사 문제

**1** 유주네 가족이 저녁을 먹고 냉장고에 있는 보리차의 $\frac{2}{3}$를 마셨더니 $\frac{3}{5}$ L가 남았습니다. 마시기 전에 냉장고에 있던 보리차의 양은 몇 L인가요?

풀이

답 _____

**3-2** 유사 문제

**2** 교구 보관함에 단면 색종이는 전체 색종이의 $\frac{4}{9}$만큼 있고, 양면 색종이는 단면 색종이를 제외한 나머지의 $\frac{3}{5}$만큼 있습니다. 양면 색종이가 105장일 때, 교구 보관함에 있는 전체 색종이는 모두 몇 장인가요?

풀이

답 _____

**4-1** 유사 문제

**3** 어떤 수에 $\frac{4}{7}$를 곱해야 할 것을 잘못하여 뺐더니 $\frac{3}{14}$이 되었습니다. 바르게 계산한 값은 얼마인 가요?

풀이

답 _____

**4-2** 유사 문제

**4** 어떤 수에 4를 곱해야 할 것을 잘못하여 더했더니 $13\frac{7}{8}$이 되었습니다. 바르게 계산한 값은 얼마인 가요?

풀이

답 _____

**4-3** 유사 문제

**5** $\frac{2}{3}$와 어떤 수의 곱에 $1\frac{4}{9}$를 더해야 할 것을 잘못하여 $\frac{2}{3}$를 곱하지 않고 어떤 수에서 $\frac{2}{3}$만 뺐더니 2가 되었습니다. 바르게 계산한 값은 얼마인가요?

풀이

답 _____

**5-1** 유사 문제

**1** 길이가 $1\frac{13}{24}$ m인 리본 4장을 $\frac{5}{18}$ m씩 겹치게 한 줄로 이어 붙였습니다. 이어 붙인 리본의 전체 길이는 몇 m인가요?

풀이

답 _____

**5-2** 유사 문제

**2** 찰흙을 길게 $\frac{1}{2}$ m 길이로 4덩이를 만든 후 $\frac{1}{7}$ m씩 겹치게 원 모양으로 이어 붙여 시계 테두리를 만들었습니다. 만든 시계 테두리의 둘레는 몇 m인가요?

풀이

답 _____

**5-3** 유사 문제

**3** 길이가 $10\frac{1}{2}$ cm인 색종이 5장을 일정한 길이로 겹치게 한 줄로 이어 붙였습니다. 이어 붙인 색종이의 전체 길이가 $46\frac{9}{10}$ cm라면 색종이를 몇 cm씩 겹치게 이어 붙였나요?

풀이

답 _____

**6-1** 유사 문제

**4** 땅에 닿으면 떨어진 높이의 $\frac{3}{7}$ 만큼 튀어 오르는 공을 $23\frac{1}{3}$ m 높이에서 떨어뜨렸습니다. 두 번째로 튀어 올랐을 때의 높이는 몇 m인가요?

풀이

답 _____

**6-2** 유사 문제

**5** 땅에 닿으면 떨어진 높이의 $\frac{2}{5}$ 만큼 튀어 오르는 공을 25 m 높이에서 떨어뜨렸습니다. 첫 번째로 튀어 올랐을 때의 높이와 두 번째로 튀어 올랐을 때의 높이의 차는 몇 m인가요?

풀이

답 _____

**문해력 레벨 2**

**6** 땅에 닿으면 떨어진 높이의 $\frac{3}{5}$ 만큼 튀어 오르는 공이 있습니다. 이 공을 $6\frac{2}{5}$ m 높이에서 위로 던졌더니 8 m까지 올라갔다가 떨어졌습니다. 공을 던진 후 땅에 두 번 닿을 때까지 움직인 전체 거리는 몇 m인가요? (단, 공은 수직으로만 움직입니다.)

풀이

답 _____

**7-1** 유사 문제

**1** 어느 수영장에는 *배수구가 두 곳 있습니다. 1분 동안 한 곳에서는 $5\frac{2}{9}$ L씩, 다른 곳에서는 $6\frac{1}{6}$ L 씩 물이 일정하게 빠집니다. 8분 24초 동안 빠지는 물의 양은 모두 몇 L인가요?

풀이

답 _____

**7-2** 유사 문제

**2** 썰매를 같은 출발 지점에서 타고 동시에 출발하여 1분 동안 아버지는 $\frac{12}{25}$ km, 현주는 $\frac{3}{5}$ km의 빠르 기로 일정하게 내려오고 있습니다. 출발하고 25초가 되었을 때 두 사람 사이의 거리는 몇 km인가요?

풀이

답 _____

**7-3** 유사 문제

**3** A 기차는 1시간 동안 $150\frac{5}{8}$ km를 가는 빠르기로 가다가 48분 후 *정차했고, B 기차는 1시간 동안 $121\frac{1}{4}$ km를 가는 빠르기로 가다가 2시간 후 정차했습니다. 같은 지점에서 서로 반대 방향 으로 출발했다면 정차한 두 기차는 몇 km 떨어져 있나요? (단, 기차의 길이는 생각하지 않습니다.)

풀이

답 _____

문해력 어휘 🐙
• 배수구: 물을 빼내거나 물이 빠져나가는 곳    • 정차: 차를 멈춤

**8-1** 유사 문제

**4** 하루에 $9\dfrac{3}{4}$ 분씩 빨라지는 시계가 있습니다. 이 시계를 오늘 오후 5시에 정확하게 맞추었다면 10일 후 오후 5시에 이 시계는 오후 몇 시 몇 분 몇 초를 가리키나요?

풀이

답 오후 _____

**8-2** 유사 문제

**5** 하루에 $\dfrac{1}{6}$ 시간씩 느려지는 시계가 있습니다. 이 시계를 오늘 오후 10시에 정확하게 맞추었다면 5일 후 오후 10시에 이 시계는 오후 몇 시 몇 분을 가리키나요?

풀이

답 오후 _____

**8-3** 유사 문제

**6** 한 시간에 $\dfrac{13}{20}$ 분씩 느려지는 시계가 있습니다. 이 시계를 오늘 오전 8시에 정확하게 맞추었다면 3일 후 오전 11시에 이 시계는 오전 몇 시 몇 분 몇 초를 가리키나요?

풀이

답 오전 _____

**기출 1** 유사 문제

**1** 다음 식의 계산 결과가 자연수가 되는 ㉠은 모두 몇 가지인가요? (단, ㉠은 1보다 큰 자연수입니다.)

$$\frac{3}{4} \div ㉠ \times 12$$

풀이

답 _____

**기출** 변형

**2** 다음 식의 계산 결과가 자연수가 되는 ㉠은 모두 몇 가지인가요? (단, ㉠은 1보다 큰 자연수입니다.)

$$45 \div ㉠ \times \frac{14}{15}$$

풀이

답 _____

**기출 2** 유사 문제

**3** 세영이는 어떤 일의 $\frac{1}{9}$을 하는 데 4일이 걸리고, 예은이는 같은 일의 $\frac{1}{6}$을 하는 데 3일이 걸린다고 합니다. 이 일을 두 사람이 함께 쉬지 않고 모두 한다면 며칠 만에 끝마칠 수 있나요? (단, 한 사람이 하루에 하는 일의 양은 각각 일정합니다.)

풀이

답 _____

**기출** 변형

**4** 어떤 일을 끝마치는 데 정수가 혼자서 하면 일주일이 걸리고 형민이가 혼자서 하면 9일이 걸린다고 합니다. 이 일을 정수와 형민이가 함께 2일 동안 했다면 남은 일의 양은 전체의 몇 분의 몇인가요?

(단, 한 사람이 하루에 하는 일의 양은 각각 일정합니다.)

풀이

답 _____

**1-1** 유사 문제

**1** 지혜는 철사로 한 변의 길이가 3.3 cm인 정오각형을 3개 만들었습니다. 지혜가 사용한 철사의 길이는 몇 cm인가요?

풀이

답 _____

**1-2** 유사 문제

**2** 의빈이는 가로가 4.2 cm, 세로가 3.4 cm인 직사각형을 4개 그렸습니다. 의빈이가 그린 직사각형 4개의 둘레의 합은 몇 cm인가요?

풀이

답 _____

**1-3** 유사 문제

**3** 희정이는 끈으로 한 변의 길이가 0.35 m인 정육각형을 7개 만들려고 합니다. 문구점에서 끈을 1 m 단위로 판매한다면 끈은 최소 몇 m 사야 하나요?

풀이

답 _____

**2-1** 유사 문제

**4** 리안이는 선물 한 개를 포장하는 데 색 테이프를 0.7 m씩 사용합니다. 전체 길이가 5 m인 색 테이프를 사서 선물 5개를 포장했다면 남은 색 테이프의 길이는 몇 m인가요?

풀이

답 _____

**2-2** 유사 문제

**5** 불을 붙이면 일정한 빠르기로 1분에 0.75 cm씩 타는 양초가 있습니다. 이 양초에 불을 붙이고 10.4분 뒤에 불을 껐습니다. 처음 양초의 길이가 18 cm였다면 타고 남은 양초의 길이는 몇 cm 인가요?

풀이

답 _____

**2-3** 유사 문제

**6** 전체 거리가 5 km인 산책로가 있습니다. 지윤이는 이 산책로를 한 시간에 3.5 km 가는 빠르기로 0.8시간 걷고 한 시간에 7.5 km 가는 빠르기로 0.2시간 달렸습니다. 남은 거리는 몇 km인가요? (단, 지윤이가 걷는 빠르기와 달리는 빠르기는 각각 일정합니다.)

풀이

답 _____

### 3-1 유사 문제

**1** 동욱이의 몸무게는 보미 몸무게의 1.2배이고, 은경이의 몸무게는 동욱이 몸무게의 0.95배입니다. 보미의 몸무게가 35 kg일 때 은경이의 몸무게는 몇 kg인가요?

풀이

답 _____

### 3-2 유사 문제

**2** 오늘 하루 동안 해법 중국집의 주방에서 만든 짜장면은 짬뽕의 0.7배보다 10그릇 더 많았고, 볶음밥은 짜장면의 1.4배였습니다. 짬뽕을 100그릇 만들었다면 볶음밥은 몇 그릇 만들었나요?

풀이

답 _____

### 3-3 유사 문제

**3** 연우네 학교 여학생 수는 250명이고, 남학생 수는 여학생 수의 1.02배입니다. 연우네 학교 학생 중 수학을 좋아하는 학생 수가 전체 학생 수의 0.6배일 때 연우네 학교에서 수학을 좋아하는 학생은 몇 명인가요?

풀이

답 _____

**4-1** 유사 문제

**4** 작년 맛나 식빵의 가격은 4400원이었습니다. 올해 맛나 식빵 가격은 작년 가격의 0.15배 더 올랐다면 올해 맛나 식빵의 가격은 얼마인가요?

풀이

답 _____

**4-2** 유사 문제

**5** 윤서네 강아지의 무게는 3.5 kg이고, 고양이는 강아지보다 강아지 무게의 0.2배 더 가볍습니다. 윤서네 강아지와 고양이 무게의 합은 몇 kg인가요?

풀이

답 _____

**4-3** 유사 문제

**6** 가로가 6 m, 세로가 5.5 m인 직사각형 모양의 텃밭을 만들려고 했는데 가로의 길이는 0.7배 더 늘이고, 세로의 길이는 0.2배 더 줄여서 만들었습니다. 만든 텃밭의 넓이는 몇 m²인가요?

풀이

답 _____

**5-1** 유사 문제

**1** 굵기가 일정한 철근 1 m의 무게가 4.2 kg입니다. 이 철근 180 cm의 무게는 몇 kg인가요?

풀이

답 _____

**5-2** 유사 문제

**2** 굵기가 일정한 통나무 0.5 m의 무게가 3.6 kg입니다. 이 통나무 250 cm의 무게는 몇 kg인가요?

풀이

답 _____

**5-3** 유사 문제

**3** 하영이가 준비한 미술 준비물은 1 m의 무게가 24.5 g인 파란색 끈 40 cm와 1 m의 무게가 30.5 g인 초록색 끈 1.2 m입니다. 하영이가 준비한 끈의 무게는 모두 몇 g인가요?

풀이

답 _____

**6-1** 유사 문제

**4** 주스 2.5 L가 들어 있는 병의 무게를 재어 보니 3.8 kg이었습니다. 그중에서 주스 1 L를 마시고 난 후 다시 무게를 재어 보았더니 2.44 kg이 되었습니다. 빈 병의 무게는 몇 kg인가요?

풀이

답 _____

**6-2** 유사 문제

**5** 페인트가 4 L 들어 있는 통의 무게를 재어 보니 5.8 kg이었습니다. 그중에서 페인트 500 mL를 사용한 후 다시 무게를 재어 보니 5.1 kg이 되었습니다. 처음에 있던 페인트 4 L의 무게는 몇 kg인가요?

풀이

답 _____

**6-3** 유사 문제

**6** 우유가 3.5 L 들어 있는 병의 무게를 재어 보니 4.06 kg이었습니다. 그중에서 우유 200 mL를 마시고 난 후 다시 무게를 재어 보았더니 3.854 kg이 되었습니다. 빈 병의 무게는 몇 kg인가요?

풀이

답 _____

### 7-1 유사 문제

**1** 혜빈이는 한 시간 동안 2.8 km를 걷습니다. 혜빈이가 48분 동안 걸었다면 혜빈이가 걸은 거리는 몇 km인가요? (단, 혜빈이가 걷는 빠르기는 일정합니다.)

풀이

답 _____

### 7-2 유사 문제

**2** 선욱이는 집에서 3 km 떨어진 곳에 있는 도서관에 자전거를 타고 가려고 합니다. 한 시간에 10.3 km를 가는 빠르기로 12분 동안 갔다면 앞으로 몇 km를 더 가야 하나요? (단, 선욱이가 자전거를 타고 가는 빠르기는 일정합니다.)

풀이

답 _____

### 문해력 레벨 3

**3** 가 자동차와 나 자동차가 같은 곳에서 동시에 반대 방향으로 출발하여 각각 일정한 빠르기로 달립니다. 가 자동차는 한 시간에 60 km, 나 자동차는 한 시간에 64 km를 가는 빠르기로 달릴 때 2시간 27분 후 두 자동차 사이의 거리는 몇 km인가요? (단, 가 자동차와 나 자동차는 직선 도로를 달리고 자동차의 길이는 생각하지 않습니다.)

풀이

답 _____

**8-1** 유사 문제

**4** 일정한 빠르기로 1분에 0.85 km를 달리는 지하철이 다리를 완전히 건너는 데 1분 36초가 걸렸습니다. 지하철의 길이가 140 m일 때 다리의 길이는 몇 km인가요?

풀이

답 _____

**8-2** 유사 문제

**5** 일정한 빠르기로 1분에 0.8 km를 달리는 기차가 터널을 완전히 통과하는 데 2분 45초가 걸렸습니다. 터널의 길이가 2.01 km일 때 기차의 길이는 몇 m인가요?

풀이

답 _____

문해력 레벨 **3**

**6** 놀이공원에서 열차가 1분에 60 m를 달리는 빠르기로 길이가 49.4 m인 다리를 완전히 건너는 데 1분 15초가 걸렸습니다. 이 열차가 같은 빠르기로 길이가 154.4 m인 터널을 완전히 통과하는 데 걸리는 시간은 몇 분인가요? (단, 열차가 달리는 빠르기는 일정합니다.)

풀이

답 _____

기출1 **유사 문제**

**1** 일정한 빠르기로 한 시간에 72 km를 달리는 자동차가 있습니다. 이 자동차가 1 km를 달리는 데 휘발유가 0.1 L 필요하다면, 같은 빠르기로 1시간 30분 동안 달리는 데 필요한 휘발유는 몇 L인가요? (단, 자동차가 달리는 데 필요한 휘발유의 양은 일정합니다.)

풀이

답 _____

기출 **변형**

**2** 지안이네 가족은 집에서 출발하여 자동차로 한 시간에 65 km를 가는 빠르기로 1시간 12분 동안 달려 친척 집에 도착했습니다. 지안이네 자동차는 1 km를 달리는 데 휘발유를 0.07 L 사용합니다. 출발하기 전 자동차에 들어 있던 휘발유가 30 L였다면 친척 집에 도착한 후 남은 휘발유는 몇 L인가요? (단, 자동차가 달리는 빠르기와 달리는 데 필요한 휘발유의 양은 각각 일정합니다.)

풀이

답 _____

**기출 2** 유사 문제

**3** 다음을 보고 규칙을 찾아 0.2를 48개 곱했을 때 곱의 소수 48째 자리 숫자를 구하세요.

$$0.2 = 0.2$$
$$0.2 \times 0.2 = 0.04$$
$$0.2 \times 0.2 \times 0.2 = 0.008$$
$$0.2 \times 0.2 \times 0.2 \times 0.2 = 0.0016$$
$$0.2 \times 0.2 \times 0.2 \times 0.2 \times 0.2 = 0.00032$$

풀이

답 _____

**기출 변형**

**4** 다음을 보고 규칙을 찾아 0.3을 50개 곱했을 때 곱의 소수 50째 자리 숫자를 구하세요.

$$0.3 = 0.3$$
$$0.3 \times 0.3 = 0.09$$
$$0.3 \times 0.3 \times 0.3 = 0.027$$
$$0.3 \times 0.3 \times 0.3 \times 0.3 = 0.0081$$
$$0.3 \times 0.3 \times 0.3 \times 0.3 \times 0.3 = 0.00243$$

풀이

답 _____

**1일** **복습**

본책 71쪽의 유사 문제
• 정답과 해설 33쪽

**1-1** 유사 문제

**1** 지아는 십의 자리 숫자가 9이고, 일의 자리 숫자가 4 이상 7 미만인 두 자리 수를 만들려고 합니다. 지아가 만들 수 있는 수는 모두 몇 개인가요?

풀이

답 _____

**1-2** 유사 문제

**2** 수지는 자연수 부분이 5이고, 소수 첫째 자리 숫자가 2 초과 8 미만인 소수 한 자리 수를 만들려고 합니다. 수지가 만들 수 있는 수는 모두 몇 개인가요?

풀이

답 _____

**1-3** 유사 문제

**3** 서우는 십의 자리 숫자가 7 이상 9 이하이고, 일의 자리 숫자가 1 이상 3 미만인 두 자리 수를 만들려고 합니다. 서우가 만들 수 있는 수를 모두 구하세요.

풀이

답 _____

### 2-1 유사 문제

**4** 농장에서 수확한 딸기를 모두 담으려면 한 상자에 20개까지 담을 수 있는 상자가 적어도 12개 필요합니다. 농장에서 수확한 딸기는 몇 개 이상 몇 개 이하인가요?

풀이

답 _____

### 2-2 유사 문제

**5** 바구니 한 개에 사탕을 35개 이상 40개 이하씩 담으려고 합니다. 바구니가 8개일 때 담을 수 있는 사탕은 몇 개 이상 몇 개 이하인가요?

풀이

답 _____

### 2-3 유사 문제

**6** 현경이네 학교 5학년 학생들이 모두 박물관 견학을 가려면 한 대에 학생 27명까지 탈 수 있는 버스가 적어도 4대 필요합니다. 박물관 견학을 마치고 기념품을 학생 한 명에게 한 개씩 나누어 주려고 합니다. 기념품을 110개 준비했다면 남는 기념품은 몇 개 이상 몇 개 이하인가요?

풀이

답 _____

**3-1** 유사 문제

**1** 케이크 한 개를 만드는 데 버터가 70 g 필요합니다. 마트에서 버터를 한 개에 100 g씩 판다면 케이크 18개를 만들려고 할 때 버터는 최소 몇 개 사야 하나요?

풀이

답 _____

**3-2** 유사 문제

**2** 선미가 저금통에 모은 돈은 100원짜리 동전 21개, 500원짜리 동전 15개입니다. 이 돈을 1000원짜리 지폐로 바꾼다면 최대 얼마까지 바꿀 수 있나요?

풀이

답 _____

**3-3** 유사 문제

**3** 유리네 제과점에서 초코 쿠키 510개와 아몬드 쿠키 743개를 만들었습니다. 쿠키를 종류에 상관없이 한 봉지에 10개씩 담아서 팔려고 합니다. 한 봉지에 3000원씩 받고 봉지에 담은 쿠키를 모두 판다면 받을 수 있는 돈은 최대 얼마인가요?

풀이

답 _____

**4-1** 유사 문제

**4** 하린이가 생각한 자연수에 6을 곱하고 올림하여 십의 자리까지 나타내었더니 130이 되었습니다. 하린이가 생각한 수를 구하세요.

풀이

답 _____

**4-2** 유사 문제

**5** 124와 어떤 자연수를 각각 반올림하여 십의 자리까지 나타낸 다음 더했더니 290이 되었습니다. 어떤 자연수는 몇 이상 몇 미만인가요?

풀이

답 _____

**4-3** 유사 문제

**6** 어제 놀이공원에 입장한 사람 수를 반올림하여 백의 자리까지 나타내면 2400명이고, 오늘 놀이공원에 입장한 사람 수를 반올림하여 백의 자리까지 나타내면 3600명입니다. 어제와 오늘 놀이공원에 입장한 사람 수는 최대 몇 명인가요?

풀이

답 _____

**5-1** 유사 문제

**1** 오른쪽 삼각형 ㄱㄴㄷ은 선분 ㄱㄹ을 대칭축으로 하는 선대칭도형입니다. 삼각형 ㄱㄴㄷ의 넓이는 몇 $cm^2$인가요?

풀이

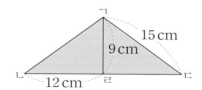

답 _____

**5-2** 유사 문제

**2** 오른쪽 그림에서 삼각형 ㄱㄴㄹ은 선분 ㄱㄷ을 대칭축으로 하는 선대칭도형이고, 사각형 ㅁㄱㄷㄹ은 선분 ㄱㄹ을 대칭축으로 하는 선대칭도형입니다. 색칠한 삼각형의 넓이는 몇 $cm^2$인가요?

풀이

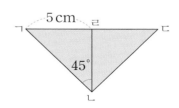

답 _____

**5-3** 유사 문제

**3** 오른쪽 삼각형 ㄱㄴㄷ은 선분 ㄹㄴ을 대칭축으로 하는 선대칭도형입니다. 삼각형 ㄱㄴㄷ의 넓이는 몇 $cm^2$인가요?

풀이

답 _____

**6-1** 유사 문제

**4** 오른쪽 사각형 ㄱㄴㄷㄹ은 점 ㅇ을 대칭의 중심으로 하는 점대칭도형입니다.
각 ㄱㄴㄹ의 크기는 몇 도인가요?

풀이

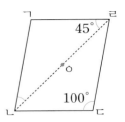

답 _____

**6-2** 유사 문제

**5** 오른쪽은 원의 중심인 점 ㅇ을 대칭의 중심으로 하는 점대칭도형입니다.
각 ㄱㄹㅇ의 크기는 몇 도인가요?

풀이

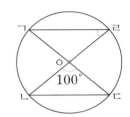

답 _____

**6-3** 유사 문제

**6** 오른쪽은 점 ㅇ을 대칭의 중심으로 하는 점대칭도형입니다. 선분 ㄴㄷ과
선분 ㄷㅇ이 각각 4 cm일 때 각 ㄱㄴㄷ의 크기는 몇 도인가요?

풀이

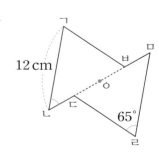

답 _____

### 7-1 유사 문제

**1** 오른쪽 사각형 ㄱㄴㄷㄹ과 사각형 ㅁㅂㅅㄹ은 서로 합동입니다. 선분 ㄱㅅ은 몇 cm인가요?

풀이

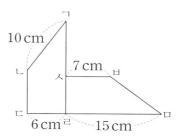

답 _____

### 7-2 유사 문제

**2** 오른쪽 삼각형 ㄱㄷㄹ과 삼각형 ㅁㄷㄴ은 서로 합동입니다. 삼각형 ㄱㄷㄹ의 둘레는 몇 cm인가요?

풀이

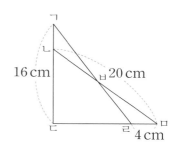

답 _____

### 문해력 레벨 3

**3** 오른쪽 삼각형 ㄱㄴㄹ과 삼각형 ㅂㄷㅁ은 서로 합동입니다. 색칠한 사각형 ㄱㄴㄷㅅ의 넓이는 몇 cm²인가요?

풀이

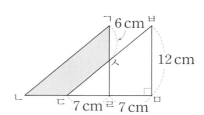

답 _____

**8-1** 유사 문제

**4** 직사각형 모양의 종이를 오른쪽과 같이 접었습니다. 각 ㄱㅂㄴ의 크기는 몇 도인가요?

풀이

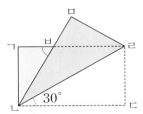

답 _____

**8-2** 유사 문제

**5** 직사각형 모양의 색종이를 오른쪽과 같이 접은 다음 펼쳐서 접힌 부분을 따라 오렸습니다. 오려진 삼각형의 넓이는 몇 cm²인가요?

풀이

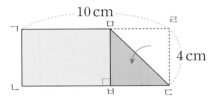

답 _____

문해력 레벨 **3**

**6** 정사각형 모양의 색종이를 오른쪽과 같이 접었습니다. 점 ㅁ과 점 ㄱ을 선분으로 이었을 때 각 ㅁㄱㄴ의 크기는 몇 도인가요?

풀이

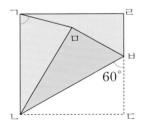

답 _____

기출1 유사 문제

**1** 오른쪽은 점 ㅇ을 대칭의 중심으로 하는 점대칭도형의 일부분입니다. 점대칭도형을 완성하고 선분 ㅇㄷ이 4 cm일 때 완성한 점대칭도형의 둘레는 몇 cm인지 구하세요.

풀이

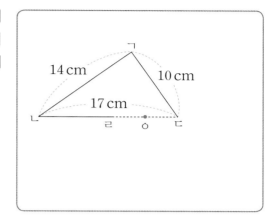

답 _____

기출 변형

**2** 오른쪽 삼각형 ㄱㄴㄷ을 점 ㅇ을 중심으로 180° 돌려서 점대칭도형을 완성하면 둘레가 72 cm가 됩니다. 점대칭 도형을 완성하고 선분 ㅇㄱ은 몇 cm인지 구하세요.

풀이

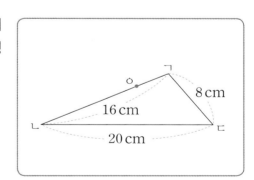

답 _____

**기출 2** **유사 문제**

**3** 수 카드 4장을 한 번씩만 사용하여 네 자리 수를 만들려고 합니다. 만들 수 있는 수 중에서 반올림하여 천의 자리까지 나타내면 4000이 되는 수는 모두 몇 개인가요?

| 1 | | 3 | | 4 | | 6 |

풀이

답 _____

**기출** **변형**

**4** 수 카드 5장 중에서 4장을 한 번씩만 사용하여 네 자리 수를 만들려고 합니다. 만들 수 있는 수 중에서 반올림하여 백의 자리까지 나타내면 4300이 되는 수는 모두 몇 개인가요?

| 2 | | 3 | | 4 | | 5 | | 6 |

풀이

답 _____

본책 101쪽의 유사 문제

### 1-1 유사 문제

**1** 1부터 6까지의 눈이 그려진 주사위를 한 번 굴려 나온 눈의 수가 홀수일 가능성을 수로 표현해 보세요.

풀이

답 _____

### 1-2 유사 문제

**2** 주머니 안에 흰색 바둑돌이 10개 들어 있습니다. 이 주머니에서 바둑돌을 한 개 꺼낼 때 꺼낸 바둑돌이 흰색이 아닐 가능성을 수로 표현해 보세요.

풀이

답 _____

### 1-3 유사 문제

**3** 필통 속에 노란색 연필 4자루, 파란색 연필 4자루, 초록색 연필 8자루가 들어 있습니다. 이 필통 속에서 연필 한 자루를 꺼냈을 때 꺼낸 연필이 초록색 연필일 가능성을 수로 표현해 보세요.

풀이

답 _____

**2-1** 유사 문제

**4** 상자 속에 1부터 6까지 수가 각각 쓰인 수 카드 6장이 들어 있습니다. 이 수 카드 중에서 한 장을 꺼낼 때, 일이 일어날 가능성이 더 높은 것의 기호를 쓰세요.

> ㉠ 꺼낸 수 카드의 수가 4 이상일 가능성
> ㉡ 꺼낸 수 카드의 수가 8일 가능성

풀이

답 _____

**2-2** 유사 문제

**5** 1부터 10까지의 수가 각각 쓰인 수 카드 10장이 있습니다. 이 수 카드 중에서 한 장을 뽑을 때 일이 일어날 가능성이 가장 낮은 것을 찾아 기호를 쓰세요.

> ㉠ 뽑은 수 카드의 수가 홀수일 가능성
> ㉡ 뽑은 수 카드의 수가 10 이하일 가능성
> ㉢ 뽑은 수 카드의 수가 13일 가능성

풀이

답 _____

**3-1** 유사 문제

**1** 영지네 가족 4명이 딴 사과의 무게는 52 kg이고, 수호네 가족 5명이 딴 사과의 무게는 60 kg입니다. 한 명당 딴 사과 무게의 평균이 더 높은 가족은 어느 가족인가요?

풀이

답 _____

**3-2** 유사 문제

**2** 연진이네 모둠 학생 4명과 준환이네 모둠 학생 4명의 몸무게입니다. 몸무게의 평균이 더 높은 모둠의 몸무게의 평균은 몇 kg인가요?

| 연진이네 모둠 | 34 kg, 38 kg, 41 kg, 35 kg |
| 준환이네 모둠 | 37 kg, 43 kg, 34 kg, 42 kg |

풀이

답 _____

**3-3** 유사 문제

**3** 현수와 경아의 100 m 달리기 기록을 나타낸 것입니다. 100 m 달리기 기록의 평균이 더 빠른 사람은 누구인가요?

| 현수 | 17초  18초  21초  22초  20초  16초 |
| 경아 | 18초  19초  20초  25초  23초 |

풀이

답 _____

**4-1** 유사 문제

**4** 희주네 반 남학생 10명이 가지고 있는 돈의 평균은 3000원이고, 여학생 8명이 가지고 있는 돈의 평균은 3450원입니다. 희주네 반 학생들이 가지고 있는 돈의 평균은 얼마인가요?

풀이

답 _____

**4-2** 유사 문제

**5** 버스가 한 시간에 75 km를 가는 빠르기로 300 km를 달린 후 곧장 한 시간에 90 km를 가는 빠르기로 540 km를 달렸습니다. 이 버스가 한 시간 동안 달린 거리의 평균은 몇 km인가요?

풀이

답 _____

**4-3** 유사 문제

**6** 은혁이네 모둠 학생 7명의 키의 평균은 157 cm입니다. 키가 159 cm, 164 cm인 학생 2명이 새로 은혁이네 모둠이 된다면 은혁이네 모둠 학생들의 키의 평균이 몇 cm 늘어나나요?

풀이

답 _____

5-1 유사 문제

**1** 목장별 양의 수를 나타낸 표입니다. 네 목장의 양의 수가 평균 150마리일 때 ㉡ 목장의 양의 수는 몇 마리인가요?

목장별 양의 수

| 목장 | ㉠ | ㉡ | ㉢ | ㉣ |
|------|-----|-----|-----|-----|
| 양의 수(마리) | 180 | | 125 | 175 |

풀이

답 _____

5-2 유사 문제

**2** 선우가 공부한 시간의 평균은 50분이고, 연주가 4일 동안 공부한 시간은 다음과 같습니다. 선우와 연주의 공부 시간의 평균이 같을 때 연주의 공부 시간이 가장 짧았던 날은 무슨 요일인가요?

연주의 공부 시간

| 요일 | 화 | 수 | 목 | 금 |
|------|-----|-----|-----|-----|
| 시간(분) | 45 | | 58 | 53 |

풀이

답 _____

6-1 유사 문제

**3** 인호가 속한*우쿨렐레 동아리의 회원 수는 6명이고 나이의 평균은 24살입니다. 이 동아리에 새로운 회원 한 명이 더 들어와서 나이의 평균이 27살이 되었다면 새로운 회원의 나이는 몇 살인가요?

풀이

답 _____

6-2 유사 문제

**4** 우석이가 4회까지 잰 50 m 수영 기록의 평균은 52초입니다. 5회까지 잰 수영 기록의 평균이 51초가 되었다면 5회 때 잰 수영 기록은 몇 초인가요?

풀이

답 _____

6-3 유사 문제

**5** 아라네 모둠의 키를 나타낸 표입니다. 이 모둠에 전학생 한 명이 더 들어와서 키의 평균이 2.8 cm만큼 늘었습니다. 전학생의 키는 몇 cm인가요?

아라네 모둠의 키

| 이름 | 아라 | 수영 | 희정 | 소희 |
|------|------|------|------|------|
| 키(cm) | 142 | 150 | 147 | 145 |

풀이

답 _____

문애력 어휘

우쿨렐레: 기타와 비슷한 작은 악기로 흔히 노래 반주에 쓰는데 네 개의 줄을 손가락으로 퉁겨 연주한다.

### 7-2 유사 문제

**1** 모든 모서리의 길이의 합이 120 cm인 정육면체가 있습니다. 이 정육면체에서 한 면의 네 변의 길이의 합은 몇 cm인가요?

풀이

답 _____

### 7-3 유사 문제

**2** 오른쪽 직육면체의 모든 모서리의 길이의 합은 92 cm입니다. 색칠한 면의 넓이는 몇 cm²인가요?

풀이

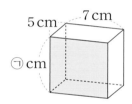

답 _____

### 문해력 레벨 3

**3** 오른쪽 직육면체와 모든 모서리의 길이의 합이 같은 정육면체가 있습니다. 이 정육면체의 한 면의 넓이는 몇 cm²인가요?

풀이

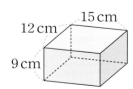

답 _____

**8-1** 유사 문제

**4** 오른쪽 그림과 같이 직육면체 모양의 상자에 색 테이프를 붙이려고 합니다. 필요한 색 테이프의 길이는 적어도 몇 cm인가요?

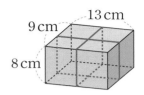

풀이

답 _____

**8-2** 유사 문제

**5** 오른쪽 그림과 같이 직육면체 모양의 상자를 끈으로 한 바퀴씩 둘러 포장했습니다. 매듭을 묶는 데 사용한 끈의 길이가 25 cm일 때 상자를 포장하는 데 사용한 끈의 길이는 적어도 몇 cm인가요?

풀이

답 _____

**8-3** 유사 문제

**6** 오른쪽 그림과 같이 정육면체 모양의 상자를 끈으로 한 바퀴씩 둘러 포장했습니다. 상자를 포장하는 데 사용한 끈의 길이가 270 cm일 때 매듭을 묶는 데 사용한 끈의 길이는 몇 cm인가요?

풀이

답 _____

**기출1** 유사 문제

**1** 각각의 면에 30부터 35까지의 자연수가 한 개씩 쓰여 있는 정육면체의 전개도입니다. 이 정육면체의 마주 보는 면에 쓰여 있는 두 수의 합은 모두 같습니다. ㉠×㉡의 값을 구하세요.

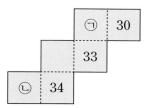

풀이

답 _____

**기출 변형**

**2** 각각의 면에 14부터 19까지의 자연수가 한 개씩 쓰여 있는 정육면체의 전개도입니다. 이 정육면체의 마주 보는 면에 쓰여 있는 두 수의 합은 모두 같습니다. ㉠×㉡의 값을 구하세요.

```
        18  ㉠
14  16
    ㉡
```

풀이

답 _____

기출 2 유사 문제

**3** 가는 정육면체 모양 주사위의 전개도이고, 나는 가를 접어 만든 주사위 2개를 이어 붙여 직육면체 모양을 만든 것입니다. 직육면체 나에서 색칠한 면과 수직인 모든 면의 눈의 수의 합을 구하세요.
(단, 이어 붙인 면은 생각하지 않습니다.)

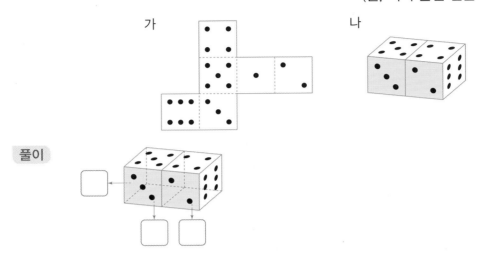

풀이

답 _____

기출 변형

**4** 가는 정육면체 모양 주사위의 전개도이고, 나는 가를 접어 만든 주사위 3개를 이어 붙여 직육면체 모양을 만든 것입니다. 직육면체 나에서 색칠한 면과 수직인 모든 면의 눈의 수의 합을 구하세요.
(단, 이어 붙인 면은 생각하지 않습니다.)

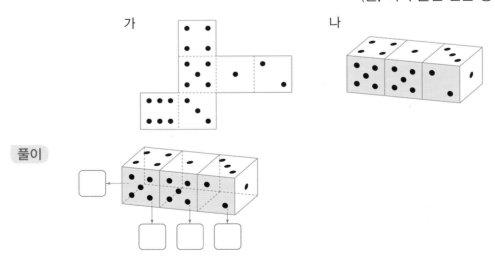

풀이

답 _____

독해가 힘이다를 더! 완벽하게 만들어주는
보충 자료를 받아보시겠습니까?

YES | NO

# # 뭘 좋아할지 몰라 다 준비했어♥
# # 전과목 교재

## 전과목 시리즈 교재

### ●무등생 해법시리즈
| | |
|---|---|
| – 국어/수학 | 1~6학년, 학기용 |
| – 사회/과학 | 3~6학년, 학기용 |
| – 봄·여름/가을·겨울 | 1~2학년, 학기용 |
| – SET(전과목/국수, 국사과) | 1~6학년, 학기용 |

### ●똑똑한 하루 시리즈
| | |
|---|---|
| – 똑똑한 하루 독해 | 예비초~6학년, 총 14권 |
| – 똑똑한 하루 글쓰기 | 예비초~6학년, 총 14권 |
| – 똑똑한 하루 어휘 | 예비초~6학년, 총 14권 |
| – 똑똑한 하루 한자 | 예비초~6학년, 총 14권 |
| – 똑똑한 하루 수학 | 1~6학년, 학기용 |
| – 똑똑한 하루 계산 | 예비초~6학년, 총 14권 |
| – 똑똑한 하루 도형 | 예비초~6학년, 총 8권 |
| – 똑똑한 하루 사고력 | 1~6학년, 학기용 |
| – 똑똑한 하루 사회/과학 | 3~6학년, 학기용 |
| – 똑똑한 하루 봄/여름/가을/겨울 | 1~2학년, 총 8권 |
| – 똑똑한 하루 안전 | 1~2학년, 총 2권 |
| – 똑똑한 하루 Voca | 3~6학년, 학기용 |
| – 똑똑한 하루 Reading | 초3~초6, 학기용 |
| – 똑똑한 하루 Grammar | 초3~초6, 학기용 |
| – 똑똑한 하루 Phonics | 예비초~초등, 총 8권 |

### ●독해가 힘이다 시리즈
| | |
|---|---|
| – 초등 문해력 독해가 힘이다 비문학편 | 3~6학년 |
| – 초등 수학도 독해가 힘이다 | 1~6학년, 학기용 |
| – 초등 문해력 독해가 힘이다 문장제수학편 | 1~6학년, 총 12권 |

## 영어 교재

### ●초등영어 교과서 시리즈
| | |
|---|---|
| 파닉스(1~4단계) | 3~6학년, 학년용 |
| 영단어(1~4단계) | 3~6학년, 학년용 |
| ●LOOK BOOK 영단어 | 3~6학년, 단행본 |
| ●원서 읽는 LOOK BOOK 영단어 | 3~6학년, 단행본 |

## 국가수준 시험 대비 교재

| | |
|---|---|
| ●해법 기초학력 진단평가 문제집 | 2~6학년·중1 신입생, 총 6권 |

# 정답과 해설

# 5-B 문장제 수학편

천재교육

# 정답과 해설
## 포인트 3가지

▶ 혼자서도 이해할 수 있는 친절한 문제 풀이

▶ 문제 해결에 꼭 필요한 핵심 전략 제시

▶ 참고, 주의, 다르게 풀기 등 자세한 풀이 제시

## 1주 분수의 곱셈

**1** $13\frac{1}{2}$ » $13\frac{1}{2}$, $13\frac{1}{2}$

**2** $5\frac{1}{4}$ » $1\frac{3}{4} \times 3 = 5\frac{1}{4}$, $5\frac{1}{4}$ kg

**3** $2\frac{4}{9}$ » $8 \times \frac{11}{36} = 2\frac{4}{9}$, $2\frac{4}{9}$ kg

**4** $12\frac{4}{5}$ » $12\frac{4}{5}$, $12\frac{4}{5}$

**5** $36$ » $\frac{1}{3} \times \frac{1}{12} = \frac{1}{36}$, $\frac{1}{36}$

**6** $2\frac{5}{36}$ » $1\frac{5}{6} \times 1\frac{1}{6} = 2\frac{5}{36}$, $2\frac{5}{36}$ kg

---

**1** $\frac{9}{10}$의 15배 ➡ $\frac{9}{\overset{\cdot}{10}} \times \overset{3}{15} = \frac{9 \times 3}{2} = \frac{27}{2} = 13\frac{1}{2}$

> **참고**
>
> ●의 ▲배 ➡ ● × ▲

**2** (딸기 3바구니의 무게)
= (딸기 한 바구니의 무게) × (바구니 수)
= $1\frac{3}{4} \times 3 = \frac{7}{4} \times 3 = \frac{7 \times 3}{4} = \frac{21}{4} = 5\frac{1}{4}$ (kg)

**3** (새봄이네 가족이 먹은 쌀의 무게)
= (처음 있던 쌀의 무게) × $\frac{11}{36}$ = $8 \times \frac{11}{36} = 2\frac{4}{9}$ (kg)

> **참고**
>
> 전체의 $\frac{▲}{■}$ ➡ (전체) × $\frac{▲}{■}$

**4** 4와 $3\frac{1}{5}$의 곱 ➡ $4 \times 3\frac{1}{5} = 4 \times \frac{16}{5} = \frac{64}{5} = 12\frac{4}{5}$

**5** (오늘 읽은 양) = (어제 읽은 양) × $\frac{1}{12}$
= $\frac{1}{3} \times \frac{1}{12} = \frac{1}{36}$

**6** (사용할 밀가루의 무게)
= (사용할 설탕의 무게) × $1\frac{1}{6}$
= $1\frac{5}{6} \times 1\frac{1}{6} = \frac{11}{6} \times \frac{7}{6} = \frac{77}{36} = 2\frac{5}{36}$ (kg)

---

**1** $\frac{5}{8} \times \frac{3}{5} = \frac{3}{8}$, $\frac{3}{8}$ m

**2** $45 \times 1\frac{1}{9} = 50$, 50 cm

**3** $1\frac{5}{11} \times 7 = 10\frac{2}{11}$, $10\frac{2}{11}$ cm

**4** $1\frac{7}{11} \times 5\frac{1}{3} = 8\frac{8}{11}$, $8\frac{8}{11}$ L

**5** $\frac{5}{6} \times 2 = 1\frac{2}{3}$, $1\frac{2}{3}$ km

**6** $\frac{9}{10} \times \frac{1}{2} = \frac{9}{20}$, $\frac{9}{20}$ m²

**7** $9000 \times \frac{4}{5} = 7200$, 7200원

---

**1** (사용한 리본의 길이) = (처음 리본의 길이) × $\frac{3}{5}$
= $\frac{\overset{1}{5}}{8} \times \frac{3}{\overset{5}{1}} = \frac{3}{8}$ (m)

**2** (방패연의 세로) = (가로) × $1\frac{1}{9}$
= $\overset{5}{45} \times \frac{10}{\overset{9}{1}} = 50$ (cm)

**3** (정다각형의 둘레) = (한 변의 길이) × (변의 수)

**4** ($5\frac{1}{3}$분 동안 나오는 물의 양)
= (1분 동안 나오는 물의 양) × $5\frac{1}{3}$
= $1\frac{7}{11} \times 5\frac{1}{3} = \frac{18}{11} \times \frac{\overset{6}{16}}{\overset{3}{1}} = \frac{96}{11} = 8\frac{8}{11}$ (L)

**5** (2시간 동안 갈 수 있는 거리)
= (한 시간 동안 가는 거리) × (가는 시간)
= $\frac{5}{\overset{6}{3}} \times \overset{1}{2} = \frac{5}{3} = 1\frac{2}{3}$ (km)

**6** (꽃밭의 넓이) = (가로) × (세로)
= $\frac{9}{10} \times \frac{1}{2} = \frac{9}{20}$ (m²)

**7** (조조할인을 받은 입장권 한 장의 가격)
= (평일 입장권 한 장의 가격) × $\frac{4}{5}$
= $\overset{1800}{9000} \times \frac{4}{\overset{5}{1}} = 7200$ (원)

# 정답과 해설

**문해력 문제 1**

전략 $\dfrac{4}{5}$ / ×

풀이 ❶ $\dfrac{4}{5}$    ❷ $\dfrac{4}{5}$, $\dfrac{1}{5}$, 16000

답 16000원

**1-1** 80면       **1-2** $\dfrac{5}{12}$

**1-3** 120명

---

**1-1** ❶ 빈 주차면 수는 전체 주차면 수의 $\left(1-\dfrac{3}{8}\right)$만큼
이다.

❷ (빈 주차면 수)$=128\times\left(1-\dfrac{3}{8}\right)$
$=\overset{16}{\cancel{128}}\times\dfrac{5}{\underset{1}{\cancel{8}}}=80(면)$

**1-2** ❶ 서우 땅을 제외하고 남는 땅은 전체 땅의 몇 분의 몇인
지 구하기
서우 땅을 제외하고 남는 땅은 전체 땅의
$\left(1-\dfrac{5}{12}\right)$만큼이다.

❷ 지후 땅은 전체 땅의 몇 분의 몇인지 구하기
지후 땅은 전체 땅의
$\left(1-\dfrac{5}{12}\right)\times\dfrac{5}{7}=\dfrac{\overset{1}{\cancel{7}}}{12}\times\dfrac{5}{\underset{1}{\cancel{7}}}=\dfrac{5}{12}$이다.

**1-3**

진료 접수: 전체 1

감기: 전체의 $\dfrac{1}{3}$    독감 예방접종: 전체의 $\left(1-\dfrac{1}{3}\right)$

독감 예방접종한 어린아이: 전체의 $\left(1-\dfrac{1}{3}\right)\times\dfrac{5}{6}$

❶ 독감 예방접종을 한 사람은 진료 접수한 사람의
$\left(1-\dfrac{1}{3}\right)$만큼이다.

❷ 독감 예방접종을 한 어린아이는 진료 접수한 사
람의 $\left(1-\dfrac{1}{3}\right)\times\dfrac{5}{6}$만큼이다.

❸ (독감 예방접종을 한 어린아이 수)
$=216\times\left(1-\dfrac{1}{3}\right)\times\dfrac{5}{6}=\overset{72}{\cancel{216}}\times\dfrac{2}{\underset{1}{\cancel{3}}}\times\dfrac{5}{\underset{1}{\cancel{6}}}$
$=120(명)$

---

**문해력 문제 2**

전략 $\dfrac{2}{9}$ / +

풀이 ❶ $\dfrac{2}{9}$, 400    ❷ 400, 2200

답 2200원

**2-1** 30000원       **2-2** 550 m$^2$

**2-3** 13000원

---

**2-1** ❶ (늘어난 금액)
$=\overset{3000}{\cancel{21000}}\times\dfrac{3}{\underset{1}{\cancel{7}}}=9000(원)$

❷ (이번 달에 청구된 전기세)
$=21000+9000=30000(원)$

참고

❶ (늘어난 금액)$=$(지난달에 청구된 전기세)$\times\dfrac{3}{7}$

❷ (이번 달에 청구된 전기세)
$=$(지난달에 청구된 전기세)$+$(늘어난 금액)

**2-2** ❶ (늘어나는 가로)$=\overset{22}{\cancel{88}}\times\dfrac{1}{\underset{1}{\cancel{4}}}=22\,(m)$

❷ (내년에 재배할 농장의 가로)
$=88+22=110\,(m)$

❸ (내년의 재배면적)$=110\times5=550\,(m^2)$

참고

❷ (내년에 재배할 농장의 가로)
$=$(농장의 가로)$+$(늘어나는 가로)

**2-3** ❶ (2018년에 오른 금액)
$=\overset{2000}{\cancel{8000}}\times\dfrac{1}{\underset{1}{\cancel{4}}}=2000(원)$

❷ (2018년에 성인 1명의 영화 관람료)
$=8000+2000=10000(원)$

❸ (2022년에 오른 금액)
$=\overset{1000}{\cancel{10000}}\times\dfrac{3}{\underset{1}{\cancel{10}}}=3000(원)$

❹ (2022년에 성인 1명의 영화 관람료)
$=10000+3000=13000(원)$

**문해력 문제 3**

전략 1

풀이 ❶ $\dfrac{3}{4}$, $\dfrac{1}{4}$　❷ $\dfrac{2}{5}$　❸ $\dfrac{2}{5}$, $\dfrac{2}{5}$, $1\dfrac{3}{5}$, $1\dfrac{3}{5}$

답 $1\dfrac{3}{5}$ kg

**3-1** $2\dfrac{1}{5}$ L　　　　**3-2** 256기가바이트

**3-1** ❶ 사 온 우유의 양을 1이라고 하여 남은 우유의 양이 사 온 우유의 양의 얼마만큼인지 구하기

남은 우유의 양은 사 온 우유의 양의 $1-\dfrac{4}{5}=\dfrac{1}{5}$ 만큼이다.

❷ 사 온 우유의 양을 ■ L라 하여 남은 양을 구하는 식 세우기

사 온 우유의 양을 ■ L라 하면

$■\times\dfrac{1}{5}=\dfrac{11}{25}$이다.

❸ 사 온 우유의 양 구하기

■의 $\dfrac{1}{5}$이 $\dfrac{11}{25}$이므로 ■는 $\dfrac{11}{\underset{5}{25}}\times\overset{}{5}=\dfrac{11}{5}=2\dfrac{1}{5}$ 이다.

➡ 사 온 우유의 양: $2\dfrac{1}{5}$ L

참고
$■\times\dfrac{1}{●}=▲ \Rightarrow ■=▲\times●$

**3-2** ❶ 영화를 저장하고 남은 저장 용량은 전체 저장 용량의 $1-\dfrac{1}{4}=\dfrac{3}{4}$만큼이다.

❷ 노래의 저장 용량은 전체 저장 용량의 $\dfrac{\overset{1}{3}}{4}\times\dfrac{1}{\underset{2}{6}}=\dfrac{1}{8}$만큼이다.

❸ 전체 저장 용량을 ■기가바이트라 하면 $■\times\dfrac{1}{8}=32$이다.

❹ ■의 $\dfrac{1}{8}$이 32이므로 ■는 $32\times8=256$이다.

➡ 전체 저장 용량: 256기가바이트

**문해력 문제 4**

전략 뺄셈식에 ○표 / ×

풀이 ❶ －　❷ $3\dfrac{3}{5}$　❸ $3\dfrac{3}{5}$, $8\dfrac{2}{5}$

답 $8\dfrac{2}{5}$

**4-1** $\dfrac{9}{100}$　　**4-2** $5\dfrac{1}{7}$　　**4-3** $15\dfrac{4}{7}$

**4-1** ❶ 잘못 계산한 식 세우기

잘못 계산한 식: (어떤 수)$-\dfrac{1}{10}=\dfrac{4}{5}$

❷ 어떤 수 구하기

(어떤 수)$=\dfrac{4}{5}+\dfrac{1}{10}=\dfrac{8}{10}+\dfrac{1}{10}=\dfrac{9}{10}$

❸ 바르게 계산한 값 구하기

(바르게 계산한 값)$=\dfrac{9}{10}\times\dfrac{1}{10}=\dfrac{9}{100}$

참고
(어떤 수)$-●=▲ \Rightarrow$ (어떤 수)$=▲+●$

**4-2** ❶ 잘못 계산한 식: (어떤 수)$+3=4\dfrac{5}{7}$

❷ (어떤 수)$=4\dfrac{5}{7}-3=1\dfrac{5}{7}$

❸ (바르게 계산한 값)
$=1\dfrac{5}{7}\times3=\dfrac{12}{7}\times3=\dfrac{36}{7}=5\dfrac{1}{7}$

**4-3** ❶ 잘못 계산한 식: (어떤 수)$+9\dfrac{4}{7}=16\dfrac{6}{7}$

❷ (어떤 수)$=16\dfrac{6}{7}-9\dfrac{4}{7}=7\dfrac{2}{7}$

❸ (바르게 계산한 값)$=\dfrac{14}{17}\times7\dfrac{2}{7}+9\dfrac{4}{7}$

$=\dfrac{\overset{2}{14}}{\underset{1}{17}}\times\dfrac{\overset{3}{51}}{\underset{1}{7}}+9\dfrac{4}{7}$

$=6+9\dfrac{4}{7}=15\dfrac{4}{7}$

**문해력 문제 5**

전략 $\times$ / $-$

풀기 ❶ $3,\ 22\dfrac{2}{5}$    ❷ $2,\ 2,\ 5\dfrac{3}{5}$

❸ $22\dfrac{2}{5},\ 5\dfrac{3}{5},\ 16\dfrac{4}{5}$

답 $16\dfrac{4}{5}$ cm

**5-1** $20\dfrac{6}{7}$ cm      **5-2** $2\dfrac{1}{6}$ m

**5-3** $\dfrac{3}{10}$ m

**5-1** ❶ (끈 4개의 길이의 합)
$$=6\dfrac{1}{14}\times 4=\dfrac{85}{14}\times \overset{2}{\underset{7}{4}}=\dfrac{170}{7}=24\dfrac{2}{7}\ (\text{cm})$$

❷ 끈이 겹치는 부분은 $4-1=3$(군데)이므로
(겹치는 부분의 길이의 합)
$$=1\dfrac{1}{7}\times 3=\dfrac{8}{7}\times 3=\dfrac{24}{7}=3\dfrac{3}{7}\ (\text{cm})\text{이다.}$$

❸ (이어 붙인 끈의 전체 길이)
$$=24\dfrac{2}{7}-3\dfrac{3}{7}=23\dfrac{9}{7}-3\dfrac{3}{7}=20\dfrac{6}{7}\ (\text{cm})$$

**5-2** ❶ (털실 3개의 길이의 합)$=\dfrac{8}{\underset{3}{9}}\times \overset{1}{3}=\dfrac{8}{3}=2\dfrac{2}{3}\ (\text{m})$

❷ 털실이 겹치는 부분은 3군데이므로
(겹치는 부분의 길이의 합)
$$=\dfrac{1}{\underset{2}{6}}\times \overset{1}{3}=\dfrac{1}{2}\ (\text{m})\text{이다.}$$

❸ (만든 장식의 둘레)
$$=2\dfrac{2}{3}-\dfrac{1}{2}=2\dfrac{4}{6}-\dfrac{3}{6}=2\dfrac{1}{6}\ (\text{m})$$

**5-3** ❶ (색 테이프 4장의 길이의 합)
$$=1\dfrac{1}{5}\times 4=\dfrac{6}{5}\times 4=\dfrac{24}{5}=4\dfrac{4}{5}\ (\text{m})$$

❷ (겹치는 부분의 길이의 합)
$$=4\dfrac{4}{5}-3\dfrac{9}{10}=\dfrac{24}{5}-\dfrac{39}{10}=\dfrac{48}{10}-\dfrac{39}{10}$$
$$=\dfrac{9}{10}\ (\text{m})$$

❸ 색 테이프가 겹치는 부분은 $4-1=3$(군데)이고,
$\dfrac{9}{10}=\dfrac{3}{10}+\dfrac{3}{10}+\dfrac{3}{10}$이므로 $\dfrac{3}{10}$ m씩 겹치게
이어 붙였다.

**문해력 문제 6**

전략 $\times$ / $\times$

풀기 ❶ $75$    ❷ $75,\ 46\dfrac{7}{8}$

답 $46\dfrac{7}{8}$ cm

**6-1** $6\dfrac{3}{4}$ m    **6-2** $\dfrac{1}{5}$ m      **6-3** $81$ m

**6-1** ❶ (첫 번째로 튀어 올랐을 때의 높이)
$$=18\dfrac{3}{4}\times \dfrac{3}{5}=\dfrac{\overset{15}{75}}{4}\times \dfrac{3}{\underset{1}{5}}=\dfrac{45}{4}=11\dfrac{1}{4}\ (\text{m})$$

❷ (두 번째로 튀어 올랐을 때의 높이)
$$=11\dfrac{1}{4}\times \dfrac{3}{5}=\dfrac{\overset{9}{45}}{4}\times \dfrac{3}{\underset{1}{5}}=\dfrac{27}{4}=6\dfrac{3}{4}\ (\text{m})$$

**6-2** ❶ (첫 번째로 튀어 올랐을 때의 높이)
$$=\dfrac{\overset{3}{9}}{\underset{5}{10}}\times \dfrac{2}{\underset{1}{3}}=\dfrac{3}{5}\ (\text{m})$$

❷ (두 번째로 튀어 올랐을 때의 높이)
$$=\dfrac{\overset{1}{3}}{5}\times \dfrac{2}{\underset{1}{3}}=\dfrac{2}{5}\ (\text{m})$$

❸ 차: $\dfrac{3}{5}-\dfrac{2}{5}=\dfrac{1}{5}\ (\text{m})$

다르게 풀기

❶ (첫 번째로 튀어 올랐을 때의 높이)
$$=\dfrac{\overset{3}{9}}{\underset{5}{10}}\times \dfrac{2}{\underset{1}{3}}=\dfrac{3}{5}\ (\text{m})$$

❷ 첫 번째로 튀어 오른 높이와 두 번째로 튀어 오른
높이의 차는 첫 번째로 튀어 오른 높이의
$\left(1-\dfrac{2}{3}\right)$만큼이다.

➔ 차: $\dfrac{3}{5}\times \left(1-\dfrac{2}{3}\right)=\dfrac{3}{5}\times \dfrac{\overset{1}{1}}{\underset{1}{3}}=\dfrac{1}{5}\ (\text{m})$

**6-3** ❶ (땅에 한 번 닿았다가 튀어 올랐을 때의 높이)
$$=\overset{5}{25}\times \dfrac{4}{\underset{1}{5}}=20\ (\text{m})$$

❷ (땅에 두 번 닿았다가 튀어 올랐을 때의 높이)
$$=\overset{4}{20}\times \dfrac{4}{\underset{1}{5}}=16\ (\text{m})$$

❸ (움직인 전체 거리)$=25+20\times 2+16=81\ (\text{m})$

## 1주 4일 $22 \sim 23$ 쪽

### 문해력 문제 7

**전략** 합에 ○표 / 1 / ×

**풀이** ❶ $3\frac{3}{8}$  ❷ 20, 1  ❸ $3\frac{3}{8}$, 1, 18

**답** 18 km

**7-1** $32\frac{4}{5}$ L  **7-2** $\frac{3}{8}$ km

**7-3** $4\frac{79}{80}$ km

---

**7-1** ❶ (1분 동안 받을 수 있는 물의 양)

$$=4\frac{3}{4}+5\frac{1}{2}=\frac{19}{4}+\frac{11}{2}=\frac{19}{4}+\frac{22}{4}$$
$$=\frac{41}{4}=10\frac{1}{4}\text{ (L)}$$

❷ 3분 12초$=3\frac{12}{60}$분$=3\frac{1}{5}$분

❸ (3분 12초 동안 받을 수 있는 물의 양)

$$=10\frac{1}{4}\times3\frac{1}{5}=\frac{41}{4}\times\frac{\overset{4}{\cancel{16}}}{5}=\frac{164}{5}=32\frac{4}{5}\text{ (L)}$$

**7-2** ❶ (1시간 후 두 기차가 떨어져 있는 거리)

$$=96\frac{7}{10}-96\frac{3}{5}=96\frac{7}{10}-96\frac{6}{10}=\frac{1}{10}\text{ (km)}$$

❷ 3시간 45분$=3\frac{45}{60}$시간$=3\frac{3}{4}$시간

❸ (3시간 45분 후 두 기차가 떨어져 있는 거리)

$$=\frac{1}{10}\times3\frac{3}{4}=\frac{1}{\underset{2}{\cancel{10}}}\times\frac{\overset{3}{\cancel{15}}}{4}=\frac{3}{8}\text{ (km)}$$

**7-3** ❶ (재희가 4분 동안 간 거리)

$$=1\frac{1}{20}\times4=\frac{21}{\underset{5}{\cancel{20}}}\times\overset{1}{\cancel{4}}=\frac{21}{5}=4\frac{1}{5}\text{ (km)}$$

❷ 54초$=\frac{54}{60}$분$=\frac{9}{10}$분

➡ (연석이가 54초 동안 간 거리)

$$=\frac{7}{8}\times\frac{9}{10}=\frac{63}{80}\text{ (km)}$$

❸ (두 사람 사이의 거리)

$$=4\frac{1}{5}+\frac{63}{80}=4\frac{16}{80}+\frac{63}{80}=4\frac{79}{80}\text{ (km)}$$

> **참고**
>
> ●분$=\dfrac{●}{60}$시간, ▲초$=\dfrac{▲}{60}$분

---

## 1주 4일 $24 \sim 25$ 쪽

### 문해력 문제 8

**전략** 5 / 1

**풀이** ❶ 1  ❷ 1, 30, 30  ❸ 30, 30

**답** 8시 5분 30초

**8-1** 7시 4분 15초  **8-2** 10시 58분 40초

**8-3** 3시 31분 40초

---

**8-1** ❶ (3일 동안 빨라지는 시간)

$$=1\frac{5}{12}\times3=\frac{17}{\underset{4}{\cancel{12}}}\times\overset{1}{\cancel{3}}=\frac{17}{4}=4\frac{1}{4}\text{ (분)}$$

❷ $4\frac{1}{4}$분$=4\frac{15}{60}$분$=4$분 15초

❸ (3일 후 오후 7시에 이 시계가 가리키는 시각)

＝오후 7시＋4분 15초＝오후 7시 4분 15초

> **참고**
>
> ●$\dfrac{▲}{60}$분＝●분 ▲초

**8-2** ❶ 느려지는 시간 구하기

(4일 동안 느려지는 시간)

$$=\frac{1}{3}\times4=\frac{4}{3}=1\frac{1}{3}\text{ (분)}$$

❷ ❶에서 구한 시간을 몇 분 몇 초로 바꿔 나타내기

$$1\frac{1}{3}\text{분}=1\frac{20}{60}\text{분}=1\text{분 20초}$$

❸ 4일 후 오전 11시에 이 시계가 가리키는 시각 구하기

(4일 후 오전 11시에 이 시계가 가리키는 시각)

＝오전 11시－1분 20초

＝오전 10시 58분 40초

> **주의**
>
> • 빨라지는 시계는 정확한 시각에 빨라지는 시간을 더해야 한다.
>
> • 느려지는 시계는 정확한 시각에서 느려지는 시간을 빼야 한다.

**8-3** ❶ (2일 후 오후 4시까지 걸린 시간)

＝24＋24＋2＝50(시간)

❷ (느려지는 시간)$=\dfrac{17}{\underset{3}{\cancel{30}}}\times\overset{5}{\cancel{50}}=\dfrac{85}{3}=28\dfrac{1}{3}$(분)

❸ $28\frac{1}{3}$분$=28\frac{20}{60}$분$=28$분 20초

❹ (2일 후 오후 4시에 이 시계가 가리키는 시각)

＝오후 4시－28분 20초＝오후 3시 31분 40초

## 1주 5일 | 26~27쪽

**기출 1**

① $\dfrac{9}{\bigcirc}$, $\dfrac{6}{\bigcirc}$　② 6, 6　③ 2, 3, 6 / 3

답 3가지

**기출 2**

① $\dfrac{1}{4} \times \dfrac{1}{6} = \dfrac{1}{24}$

② $\dfrac{1}{6} \times \dfrac{1}{8} = \dfrac{1}{48}$

③ $\dfrac{1}{24} + \dfrac{1}{48} = \dfrac{2}{48} + \dfrac{1}{48} = \dfrac{\overset{1}{\cancel{3}}}{\underset{16}{\cancel{48}}} = \dfrac{1}{16}$

④ 16

답 16일

## 1주 5일 | 28~29쪽

**창의 3**

① $6\dfrac{5}{9}$ / $4\dfrac{1}{9}$

② $6\dfrac{5}{9}$, $4\dfrac{1}{9}$, $2\dfrac{4}{9}$

③ 예 $2\dfrac{4}{9} = 1\dfrac{2}{9} + 1\dfrac{2}{9}$이므로 (사과 1개)$= 1\dfrac{2}{9}$ kg이다.

④ $1\dfrac{2}{9} \times 7 = \dfrac{11}{9} \times 7 = \dfrac{77}{9} = 8\dfrac{5}{9}$ (kg)

답 $8\dfrac{5}{9}$ kg

**융합 4**

① $4\dfrac{1}{2} \times 110 = \dfrac{9}{\cancel{2}_1} \times \overset{55}{\cancel{110}} = 495$ (m)

② $\overset{99}{\cancel{495}} \times \dfrac{3}{\underset{100}{\cancel{500}}} = \dfrac{297}{100} = 2\dfrac{97}{100}$ (℃)

③ $25 - 2\dfrac{97}{100} = 22\dfrac{3}{100}$ (℃)

답 $22\dfrac{3}{100}$ ℃

## 1주 주말 TEST | 30~33쪽

| | |
|---|---|
| **1** 85쪽 | **2** 91 km |
| **3** $1\dfrac{7}{8}$ kg | **4** $\dfrac{7}{44}$ |
| **5** $25\dfrac{2}{3}$ cm | **6** 8 m |
| **7** $2\dfrac{49}{80}$ km | **8** 9시 2분 20초 |
| **9** $17\dfrac{7}{9}$ cm | **10** $15\dfrac{3}{5}$ L |

**1** ① 남은 쪽수는 전체 쪽수의 $\left(1 - \dfrac{4}{9}\right)$만큼이다.

② (남은 쪽수)$= 153 \times \left(1 - \dfrac{4}{9}\right) = \overset{17}{\cancel{153}} \times \dfrac{5}{\cancel{9}_1} = 85$(쪽)

**2** ① (더 달릴 거리)$= \overset{13}{\cancel{65}} \times \dfrac{2}{\cancel{5}_1} = 26$ (km)

② (오늘 달릴 거리)$= 65 + 26 = 91$ (km)

**3** ① 남은 밀가루의 양은 선반에 있던 밀가루의 양의 $1 - \dfrac{2}{3} = \dfrac{1}{3}$만큼이다.

② 선반에 있던 밀가루의 양을 ■ kg이라 하면 ■$\times \dfrac{1}{3} = \dfrac{5}{8}$이다.

③ ■의 $\dfrac{1}{3}$이 $\dfrac{5}{8}$이므로 ■는 $\dfrac{5}{8} \times 3 = \dfrac{15}{8} = 1\dfrac{7}{8}$이다.

→ 선반에 있던 밀가루의 양: $1\dfrac{7}{8}$ kg

**4** ① 잘못 계산한 식: (어떤 수)$- \dfrac{7}{22} = \dfrac{2}{11}$

② (어떤 수)$= \dfrac{2}{11} + \dfrac{7}{22} = \dfrac{4}{22} + \dfrac{7}{22} = \dfrac{\overset{1}{\cancel{11}}}{\underset{2}{\cancel{22}}} = \dfrac{1}{2}$

③ (바르게 계산한 값)$= \dfrac{1}{2} \times \dfrac{7}{22} = \dfrac{7}{44}$

**5** ① (리본 4장의 길이의 합)

$= 8\dfrac{1}{6} \times 4 = \dfrac{49}{\cancel{6}_3} \times \cancel{4}^2 = \dfrac{98}{3} = 32\dfrac{2}{3}$ (cm)

② 리본이 겹치는 부분은 $4 - 1 = 3$(군데)이므로

(겹치는 부분의 길이의 합)

$= 2\dfrac{1}{3} \times 3 = \dfrac{7}{\cancel{3}} \times \cancel{3}^1 = 7$ (cm)이다.

③ (이어 붙인 리본의 전체 길이)

$= 32\dfrac{2}{3} - 7 = 25\dfrac{2}{3}$ (cm)

**6** ❶ (땅에 한 번 닿았다가 튀어 올랐을 때의 높이)

$$=\overset{10}{50}\times\frac{2}{\underset{1}{5}}=20\ (m)$$

❷ (땅에 두 번 닿았다가 튀어 올랐을 때의 높이)

$$=\overset{4}{20}\times\frac{2}{\underset{1}{5}}=8\ (m)$$

**7** ❶ (1분 후 두 비행기 사이의 거리)

$$=\frac{3}{4}+\frac{9}{10}=\frac{15}{20}+\frac{18}{20}=\frac{33}{20}=1\frac{13}{20}\ (km)$$

❷ 1분 35초$=1\frac{35}{60}$분$=1\frac{7}{12}$분

❸ (1분 35초 후 두 비행기 사이의 거리)

$$=1\frac{13}{20}\times1\frac{7}{12}=\frac{33}{20}\times\frac{\overset{11}{19}}{\underset{4}{12}}=\frac{209}{80}$$

$$=2\frac{49}{80}\ (km)$$

**8** ❶ (5일 동안 빨라지는 시간)

$$=\frac{7}{\underset{3}{15}}\times\overset{1}{5}=\frac{7}{3}=2\frac{1}{3}\ (분)$$

❷ $2\frac{1}{3}$분$=2\frac{20}{60}$분$=2$분 20초

❸ (5일 후 오전 9시에 이 시계가 가리키는 시각)
$=$오전 9시$+2$분 20초$=$오전 9시 2분 20초

**9** ❶ (색 실 2개의 길이의 합)

$$=10\frac{2}{9}\times2=\frac{92}{9}\times2=\frac{184}{9}=20\frac{4}{9}\ (cm)$$

❷ 색 실이 겹치는 부분은 2군데이므로
(겹치는 부분의 길이의 합)

$$=1\frac{1}{3}\times2=\frac{4}{3}\times2=\frac{8}{3}=2\frac{2}{3}\ (cm)$$이다.

❸ (만든 팔찌의 둘레)

$$=20\frac{4}{9}-2\frac{2}{3}=20\frac{4}{9}-2\frac{6}{9}=19\frac{13}{9}-2\frac{6}{9}$$

$$=17\frac{7}{9}\ (cm)$$

**10** ❶ (1분이 되었을 때 물탱크에 있는 물의 양)

$$=5\frac{4}{5}-1\frac{3}{10}=5\frac{8}{10}-1\frac{3}{10}=4\frac{5}{10}=4\frac{1}{2}\ (L)$$

❷ 3분 28초$=3\frac{28}{60}$분$=3\frac{7}{15}$분

❸ (3분 28초가 되었을 때 물탱크에 있는 물의 양)

$$=4\frac{1}{2}\times3\frac{7}{15}=\frac{\overset{3}{9}}{\underset{1}{2}}\times\frac{\overset{26}{52}}{\underset{5}{15}}=\frac{78}{5}=15\frac{3}{5}\ (L)$$

---

**2주** 소수의 곱셈

**2주** 준비학습 **36 ~ 37 쪽**

**1** 0.8 ≫ 0.8 / 0.8

**2** 5.4 ≫ 9×0.6＝5.4 / 5.4

**3** 42 ≫ 4.2×10＝42 / 42 g

**4** 950 ≫ 9.5×100＝950 / 950 cm

**5** 2.4 ≫ 2.4 / 2.4 L

**6**

|   |   | 6 |
|---|---|---|
| × | 2 | 2 |
| 1 | 3 | 2 |

≫ 6×2.2＝13.2 / 13.2 cm

**7**

|   | 1 | 6 |
|---|---|---|
| × |   | 5 |
|   | 8 | 0 |

≫ 1.6×5＝8 / 8시간

**1** 0.4의 2배 ➡ 0.4×2＝0.8

> 참고
>
> ●의 ▲배 ➡ ● × ▲

**2** 9의 0.6배 ➡ 9×0.6＝5.4

**3** (사탕 10개의 무게)＝(사탕 한 개의 무게)×10
$\qquad\qquad\qquad\quad=4.2\times10=42\ (g)$

**4** (나무 막대 100개의 길이)
$\quad=$(나무 막대 한 개의 길이)×100
$\quad=9.5\times100=950\ (cm)$

**5**

> 전략
>
> 일정 기간 동안 마신 우유 양의 합을 구하려면 하루에 마신 우유의 양에 마신 날수를 곱한다.

(8일 동안 마신 우유의 양)
$=$(하루에 마신 우유의 양)×8
$=0.3\times8=2.4\ (L)$

**6** (직사각형의 세로)＝(직사각형의 가로)×2.2
$\qquad\qquad\qquad\quad=6\times2.2=13.2\ (cm)$

**7** (5일 동안 독서를 한 시간)
$\quad=$(하루 동안 독서를 하는 시간)×5
$\quad=1.6\times5=8$(시간)

**1** $3 \times 0.2 = 0.6$ / 0.6 kg

**2** $2.1 \times 0.8 = 1.68$ / 1.68 kg

**3** $2 \times 0.25 = 0.5$ / 0.5 L

**4** $2.7 \times 9 = 24.3$ / 24.3 g

**5** $0.9 \times 9 = 8.1$ / 8.1 km

**6** $5.7 \times 3.6 = 20.52$ / 20.52 cm²

**7** $4.65 \times 3 = 13.95$ / 13.95 cm

**1** (사용한 설탕의 무게)
　= (전체 설탕의 무게) × 0.2
　= $3 \times 0.2 = 0.6$ (kg)

**2** (현아가 주운 밤의 무게)
　= (혜성이가 주운 밤의 무게) × 0.8
　= $2.1 \times 0.8 = 1.68$ (kg)

> **주의**
> 곱하는 두 수의 소수점 아래 자리 수를 더한 것과 결과
> 값의 소수점 아래 자리 수가 같다.
> ➡ (소수 한 자리 수) × (소수 한 자리 수) = (소수 두 자리 수)
> 　　　　1　　　　　+　　　　1　　　　=　　　　2

**3** (물병에 담은 물의 양)
　= (전체 물의 양) × 0.25
　= $2 \times 0.25 = 0.5$ (L)

**4** (탁구공 9개의 무게)
　= (탁구공 1개의 무게) × 9
　= $2.7 \times 9 = 24.3$ (g)

**5** (9일 동안 뛴 거리)
　= (하루에 뛰는 거리) × 9
　= $0.9 \times 9 = 8.1$ (km)

**6** (직사각형의 넓이)
　= (가로) × (세로)
　= $5.7 \times 3.6 = 20.52$ (cm²)

**7** (이어 붙인 색 테이프 전체의 길이)
　= (색 테이프 한 개의 길이) × 3
　= $4.65 \times 3 = 13.95$ (cm)

### 문해력 문제 1

**전략** 3 / 4

**풀기** ❶ 3, 19.5 　 ❷ 19.5, 4, 78 / 78

**답** 78 cm

**1-1** 52.8 cm 　　　　 **1-2** 91.2 cm

**1-3** 18 m

**1-1** ❶ (정사각형 한 개를 만드는 데 사용한 끈의 길이)
　　= $2.2 \times 4 = 8.8$ (cm)
　❷ (정사각형 6개를 만드는 데 사용한 끈의 길이)
　　= $8.8 \times 6 = 52.8$ (cm)
　➡ 지아가 사용한 끈의 길이: 52.8 cm

**1-2** ❶ (직사각형 한 개의 둘레)
　　= $(8.4 + 6.8) \times 2 = 15.2 \times 2 = 30.4$ (cm)
　❷ (직사각형 3개의 둘레의 합)
　　= $30.4 \times 3 = 91.2$ (cm)
　➡ 윤지가 그린 직사각형 3개의 둘레의 합:
　　91.2 cm

**1-3** ❶ (정오각형 한 개를 만드는 데 필요한 색 테이프의
　　길이) = $0.7 \times 5 = 3.5$ (m)
　❷ (정오각형 5개를 만드는 데 필요한 색 테이프의
　　길이) = $3.5 \times 5 = 17.5$ (m)
　❸ 필요한 색 테이프가 17.5 m이고 1 m 단위로 판
　　매하므로 최소 18 m 사야 한다.

> **주의**
> 색 테이프를 모자라지 않으면서 남는 길이가 가장 적게
> 사야한다.

### 문해력 문제 2

**전략** —

**풀기** ❶ 6, 7.5 　 ❷ 7.5, 2.5

**답** 2.5 kg

**2-1** 0.04 L 　　　　 **2-2** 8.49 cm

**2-3** 0.95 L

**2-1** ❶ (4시간 동안 사용한 물의 양)
$= 0.24 \times 4 = 0.96$ (L)
❷ (남은 물의 양)
$= 1 - 0.96 = 0.04$ (L)

**2-2** ❶ (6.5분 동안 탄 양초의 길이)
$= 0.54 \times 6.5 = 3.51$ (cm)

> 참고
>
> (■분 동안 탄 양초의 길이)
> =(1분에 타는 양초의 길이)×■

❷ (타고 남은 양초의 길이)
$= 12 - 3.51 = 8.49$ (cm)

**2-3** ❶ (4일 동안 마신 주스의 양)$= 0.35 \times 4 = 1.4$ (L)
❷ (3일 동안 마신 주스의 양)$= 0.15 \times 3 = 0.45$ (L)
❸ (남은 주스의 양)$= 2.8 - 1.4 - 0.45 = 0.95$ (L)

## 2주 2 일      44 ~ 45 쪽

> **문해력 문제 3**
>
> 전략 1.2
>
> 풀기 ❶ 125, 112.5    ❷ 112.5, 135
>
> 답 135 cm
>
> **3-1** 1.32 kg        **3-2** 135건
>
> **3-3** 369명

**3-1** ❶ (동화책 무게)$= 1.1 \times 0.8 = 0.88$ (kg)
❷ (국어사전 무게)$= 0.88 \times 1.5 = 1.32$ (kg)

**3-2** ❶ (김밥 주문 건수)$= 80 \times 0.85 + 22 = 68 + 22$
$= 90$(건)

> 참고
>
> 김밥 주문 건수는 라면 주문 건수의 0.85배보다 22건 더
> 많으므로 80에 0.85를 곱한 값에 22를 더한다.

❷ (떡볶이 주문 건수)$= 90 \times 1.5 = 135$(건)

**3-3** ❶ (남학생 수)$= 240 \times 1.05 = 252$(명)
❷ (전체 학생 수)$= 252 + 240 = 492$(명)
❸ (햇살 마을에 사는 학생 수)$= 492 \times 0.75 = 369$(명)

## 2주 2 일      46 ~ 47 쪽

> **문해력 문제 4**
>
> 전략 +
>
> 풀기 ❶ 30, 4.5    ❷ 4.5, 34.5
>
> 답 34.5 cm
>
> **4-1** 42.6 kg        **4-2** 875 mL
>
> **4-3** 8.64 m²

**4-1**   전략
> 작년에 비해 더 늘어난 몸무게를 구한 다음 작년 몸무게
> 에 더한다.

❶ (더 늘어난 몸무게)$= 35.5 \times 0.2 = 7.1$ (kg)
❷ (올해 희정이의 몸무게)$= 35.5 + 7.1 = 42.6$ (kg)

**4-2** ❶ (우유 양의 0.25배)$= 500 \times 0.25 = 125$ (mL)
(주스의 양)$= 500 - 125 = 375$ (mL)
❷ (우유와 주스의 양)$= 500 + 375 = 875$ (mL)

**4-3** ❶ (더 늘인 가로 길이)$= 3 \times 0.6 = 1.8$ (m)
(만든 밭의 가로 길이)$= 3 + 1.8 = 4.8$ (m)
❷ (더 줄인 세로 길이)$= 3 \times 0.4 = 1.2$ (m)
(만든 밭의 세로 길이)$= 3 - 1.2 = 1.8$ (m)

> 주의
>
> 0.4배 더 줄였을 때
>
>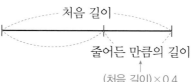
>
> (처음 길이)-(줄어든 만큼의 길이)
>
> 0.4배로 줄였을 때
>
>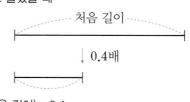
>
> (처음 길이)×0.4

> 참고
>
> 처음의 양보다 늘어났으면 더 늘어난 만큼을 더하고, 처
> 음의 양보다 줄었으면 더 줄어든 만큼을 빼야 한다.

❸ 만든 밭의 넓이 구하기
(만든 밭의 넓이)$= 4.8 \times 1.8 = 8.64$ (m²)

## 2주 일 48 ~ 49 쪽

**문해력 문제 5**

**풀기** ❶ 0.65　　❷ 0.65, 0.91

**답** 0.91 kg

**5-1** 9.36 kg　　　　**5-2** 17.28 kg

**5-3** 17.44 g

**5-1** ❶ 240 cm＝2.4 m

> **주의**
> 단위가 서로 다른 경우에는 먼저 기준이 되는 단위로 통일한 후 계산해야 한다.
> ➡ 철근 1 m의 무게가 주어졌으므로 240 cm는 몇 m인지 소수로 나타낸다.

❷ (철근 240 cm의 무게)＝3.9×2.4＝9.36 (kg)

> **참고**
> (철근 ■ m의 무게)＝(철근 1 m의 무게)×■

**5-2**
> **전략**
> 0.5 m를 2배 하면 1 m이므로 통나무 1 m의 무게를 구한 다음 통나무 180 cm의 무게를 구한다.

❶ (통나무 1 m의 무게)
　＝4.8×2＝9.6 (kg)
❷ 180 cm＝1.8 m
❸ (통나무 180 cm의 무게)
　＝9.6×1.8＝17.28 (kg)

**5-3**
> **전략**
> 60 cm는 몇 m인지 소수로 나타내 빨간색 리본 60 cm의 무게를 구하고, 노란색 리본 0.2 m의 무게를 구한 다음 두 무게를 더한다.

❶ 60 cm＝0.6 m
❷ (빨간색 리본 60 cm의 무게)
　＝20.5×0.6＝12.3 (g)
❸ (노란색 리본 0.2 m의 무게)
　＝25.7×0.2＝5.14 (g)
❹ (민하가 사용한 리본의 무게)
　＝12.3＋5.14＝17.44 (g)

## 2주 일 50 ~ 51 쪽

**문해력 문제 6**

**전략** 2.8

**풀기** ❶ 3.05, 1.25　　❷ 1.25, 3.5　　❸ 3.5, 0.8

**답** 0.8 kg

**6-1** 0.76 kg　　　　**6-2** 2.7 kg

**6-3** 0.69 kg

**6-1**
> **전략**
> 수프 1 L의 무게를 구하고 이를 이용하여 수프 2.7 L의 무게를 구한 다음 빈 그릇의 무게를 구한다.

❶ (수프 1 L의 무게)＝4－2.8＝1.2 (kg)
❷ (수프 2.7 L의 무게)＝1.2×2.7＝3.24 (kg)

> **참고**
> (수프 ■ L의 무게)＝(수프 1 L의 무게)×■

❸ (빈 그릇의 무게)＝4－3.24＝0.76 (kg)

> **참고**
> (빈 그릇의 무게)
> ＝(수프 2.7 L가 들어 있는 그릇의 무게)
> －(수프 2.7 L의 무게)

**6-2** ❶ (식용유 500 mL의 무게)
　＝3.1－2.65＝0.45 (kg)
❷ (식용유 1 L의 무게)
　＝0.45×2＝0.9 (kg)

> **참고**
> 1 L＝1000 mL이고
> 1000 mL＝500 mL×2이므로
> 1 L는 500 mL의 2배이다.

❸ (식용유 3 L의 무게)＝0.9×3＝2.7 (kg)

**6-3** ❶ (음료수 200 mL의 무게)
　＝5.75－5.53＝0.22 (kg)
❷ (음료수 1 L의 무게)＝0.22×5＝1.1 (kg)

> **참고**
> 200 mL×5＝1000 mL(＝1 L)이므로 음료수 1 L의 무게는 음료수 200 mL의 무게의 5배이다.

❸ (음료수 4.6 L의 무게)＝1.1×4.6＝5.06 (kg)
❹ (빈 병의 무게)＝5.75－5.06＝0.69 (kg)

**문해력 문제 7**

**풀기** ❶ 30, 5, 1.5   ❷ 1.5, 4.65

**답** 4.65 km

**7**-1 8.25 km   **7**-2 12.5 m

**7**-3 9 km

**7**-1 **전략**

45분은 몇 시간인지 먼저 소수로 나타낸 다음 민석이가 자전거를 타고 간 거리를 구한다.

❶ $45분 = \frac{45}{60}시간 = \frac{3}{4}시간 = \frac{75}{100}시간$
$= 0.75시간$

❷ (민석이가 자전거를 타고 간 거리)
$= 11 \times 0.75 = 8.25 \,(km)$

**참고**
(■시간 동안 간 거리)=(한 시간 동안 가는 거리)×■

**7**-2 ❶ $15초 = \frac{15}{60}분 = \frac{1}{4}분 = \frac{25}{100}분 = 0.25분$

**참고**
$1초 = \frac{1}{60}분$

➜ $\underline{15초} = \frac{15}{60}분 = \frac{1}{4}분 = \frac{25}{100}분 = \underline{0.25분}$

분모가 60인   분수를 소수로 나타내기
분수로 나타내기

❷ (드론이 이동한 거리)$= 350 \times 0.25 = 87.5 \,(m)$
❸ (더 이동해야 하는 거리)
$= 100 - 87.5 = 12.5 \,(m)$

**7**-3 **전략**

두 사람이 곧은 도로의 양 끝에서 마주 보고 동시에 출발하여 쉬지 않고 걸어서 만났다면 두 사람이 걸은 거리의 합이 도로의 길이이다.

❶ $1시간 12분 = 1\frac{12}{60}시간 = 1\frac{2}{10}시간 = 1.2시간$
❷ (혜리가 걸은 거리)$= 3.3 \times 1.2 = 3.96 \,(km)$
(민주가 걸은 거리)$= 4.2 \times 1.2 = 5.04 \,(km)$
❸ (두 사람이 걸은 거리의 합)
$= 3.96 + 5.04 = 9 \,(km)$
➜ 도로의 길이는 9 km이다.

**문해력 문제 8**

**풀기** ❶ 45, 3, 75, 0.75   ❷ 0.75, 0.6

❸ 0.2, 0.2, 0.4

**답** 0.4 km

**8**-1 0.87 km   **8**-2 184 m

**8**-3 1.24 km

**8**-1 ❶ $1분 24초 = 1\frac{24}{60}분 = 1\frac{4}{10}분 = 1.4분$

**참고**
몇 분인지 소수로 나타내기 위해 분모가 10, 100, ...인 분수로 나타낸다.

❷ (기차가 터널을 완전히 통과하는 데 이동한 거리)
$= 0.75 \times 1.4 = 1.05 \,(km)$
❸ 기차의 길이는 180 m=0.18 km이므로
(터널의 길이)$= 1.05 - 0.18 = 0.87 \,(km)$

**8**-2 ❶ $2분 12초 = 2\frac{12}{60}분 = 2\frac{2}{10}분 = 2.2분$
❷ (지하철이 다리를 완전히 건너는 데 이동한 거리)
$= 0.72 \times 2.2 = 1.584 \,(km)$
❸ (지하철의 길이)
$= 1.584 - 1.4 = 0.184 \,(km)$ ➜ 184 m

**참고**
(지하철의 길이)
=(지하철이 다리를 완전히 건너는 데 이동한 거리)
－(다리의 길이)

**주의**
문제에서 지하철의 길이는 몇 m인지 물었으므로
0.184 km라고 답하지 않도록 주의한다.

**8**-3 ❶ $1분 36초 = 1\frac{36}{60}분 = 1\frac{6}{10}분 = 1.6분$
❷ (기차가 첫째 터널에 들어가기 시작하여 둘째 터널까지 완전히 통과하는 데 이동한 거리)
$= 1.8 \times 1.6 = 2.88 \,(km)$
❸ 기차의 길이는 240 m=0.24 km이므로
(터널 사이의 거리)
$= 2.88 - 0.7 - 0.7 - 0.24 = 1.24 \,(km)$

**참고**
(터널 사이의 거리)
=(전체 이동 거리)－(터널 2개의 길이)－(기차의 길이)

# 정답과 해설

**기출 1**

❶ 30, 5, 2.5

❷ 2.5, 150

❸ (필요한 휘발유의 양)=0.06×150=9 (L)

답 9 L

**기출 2**

❶ 76

❷ 예 곱의 소수점 아래 끝자리 숫자는 7, 9, 3, 1이 반복된다.

❸ 예 76÷4=19이므로 곱의 소수 76째 자리 숫자는 1이다.

답 1

**창의 3**

❶ (물건 금액의 합)=8×5+5.5×12+28.4×3
                  =191.2(달러)

❷ (거스름돈)=200−191.2=8.8(달러)

❸ 예 하린이가 받은 거스름돈은 8.8달러이므로 우리 나라 돈으로 1200×8.8=10560(원)이다.

답 10560원

**융합 4**

❶ 10, 6 / 6, 337.5

❷ (번개가 친 곳으로부터 떨어진 거리)
   =337.5×3=1012.5 (m)

답 1012.5 m

**융합 4**

❷ (번개가 친 곳으로부터 떨어진 거리)
   =(소리가 1초에 이동하는 거리)×(시간)
   =337.5×3=1012.5 (m)

| 1 57.6 cm | 2 1.25 kg |
|---|---|
| 3 2.2 kg | 4 153.36 cm |
| 5 3.92 kg | 6 9.9 cm |
| 7 1655상자 | 8 3.92 km |
| 9 0.912 kg | 10 1.28 km |

**1** ❶ (정육각형 한 개를 만드는 데 사용한 끈의 길이)
      =4.8×6=28.8 (cm)

❷ (정육각형 2개를 만드는 데 사용한 끈의 길이)
   =28.8×2=57.6 (cm)

➔ 현주가 사용한 끈의 길이: 57.6 cm

**2** ❶ (나누어 줄 찰흙의 무게)
      =0.65×5=3.25 (kg)

❷ (남은 찰흙의 무게)
   =4.5−3.25=1.25 (kg)

**3** ❶ (사과의 무게)=0.5×0.55=0.275 (kg)

❷ (멜론의 무게)=0.275×8=2.2 (kg)

참고
(사과의 무게)=(배의 무게)×0.55
(멜론의 무게)=(사과의 무게)×8

**4**

전략
작년에 비해 더 큰 키를 구한 다음 작년 키에 더한다.

❶ (더 큰 키)=142×0.08=11.36 (cm)

❷ (올해 현지의 키)=142+11.36=153.36 (cm)

**5** ❶ 160 cm=1.6 m

❷ (막대 160 cm의 무게)=2.45×1.6=3.92 (kg)

참고
막대 160 cm(=1.6 m)의 무게
=(막대 1 m의 무게)×1.6

**6**

전략
8.5분 동안 탄 양초의 길이를 구한 다음 처음 양초의 길이에서 뺀다.

❶ (8.5분 동안 탄 양초의 길이)
   =0.6×8.5=5.1 (cm)

❷ (타고 남은 양초의 길이)=15−5.1=9.9 (cm)

**7**

전략
이번 달 목표 생산량을 구한 다음 오늘까지의 생산량을 구한다.

❶ (이번 달 목표 생산량)
$=1500 \times 1.3 = 1950$(상자)
❷ (이번 달 오늘까지의 생산량)
$=1950 \times 0.9 - 100 = 1755 - 100$
$=1655$(상자)

**8**

전략
1시간 24분은 몇 시간인지 소수로 나타낸 다음 지연이가 걸은 거리를 구한다.

❶ 1시간 24분$=1\frac{24}{60}$시간$=1\frac{4}{10}$시간$=1.4$시간
❷ (지연이가 걸은 거리)
$=2.8 \times 1.4 = 3.92$ (km)

**9**

전략
주스 1 L의 무게를 구하고 이를 이용하여 주스 1.8 L의 무게를 구한 다음 빈 병의 무게를 구한다.

❶ (주스 1 L의 무게)$=3 - 1.84 = 1.16$ (kg)
❷ (주스 1.8 L의 무게)$=1.16 \times 1.8 = 2.088$ (kg)
❸ (빈 병의 무게)$=3 - 2.088 = 0.912$ (kg)

참고
❶ (주스 1 L의 무게)
$\quad =$(주스 1.8 L가 들어 있는 병의 무게)
$\qquad -$(주스 1 L를 마시고 난 후 다시 잰 무게)
❷ (주스 1.8 L의 무게)$=$(주스 1 L의 무게)$\times 1.8$
❸ (빈 병의 무게)
$\quad =$(주스 1.8 L가 들어 있는 병의 무게)
$\qquad -$(주스 1.8 L의 무게)

**10** ❶ 1분 51초$=1\frac{51}{60}$분$=1\frac{17}{20}$분$=1\frac{85}{100}$분
$\qquad =1.85$분
❷ (기차가 터널을 완전히 통과하는 데 이동한 거리)
$\quad =0.8 \times 1.85 = 1.48$ (km)
❸ 기차의 길이는 200 m$=0.2$ km이므로
(터널의 길이)$=1.48 - 0.2 = 1.28$ (km)

참고
(터널의 길이)
$=$(기차가 터널을 완전히 통과하는데 이동한 거리)
$\quad -$(기차의 길이)

---

## 3주 수의 범위와 어림하기/합동과 대칭

**3주** 준비학습 66~67쪽

1 7, 8, 9 ≫ 현주, 연우
2 300 ≫ 300명
3 400 ≫ 400개
4 190 ≫ 190명
5 ○ ≫ 다
6 6 ≫ 6 cm
7 125 ≫ 125°

**1** 캔 감자 수가 5개와 같거나 많고 10개보다 적은 사람을 모두 찾는다. ➡ 현주(5개), 연우(6개)

참고
· ● 이상인 수: ●와 같거나 큰 수
· ▲ 이하인 수: ▲와 같거나 작은 수
· ■ 초과인 수: ■보다 큰 수
· ★ 미만인 수: ★보다 작은 수

**2** 올림하여 백의 자리까지 나타내야 하므로 백의 자리 아래 수가 0이면 그대로 쓰고 0보다 크면 백의 자리 수에 1을 더한다.
285 ➡ 300
올린다.

**3** 버림하여 백의 자리까지 나타내야 하므로 백의 자리 아래 수를 버려 모두 0으로 한다.
420 ➡ 400
버린다.

**4** 일의 자리 숫자가 0, 1, 2, 3, 4이면 버리고 5, 6, 7, 8, 9이면 올린다.
193 ➡ 190
버린다.

**5** 도형 가와 모양과 크기가 같아서 포개었을 때 완전히 겹치는 도형을 찾으면 다이다.

참고
모양과 크기가 같아서 포개었을 때 완전히 겹치는 두 도형을 서로 합동이라고 한다.

**6** 선대칭도형에서 각각의 대응변의 길이가 서로 같다.
➡ (변 ㄱㄹ)$=$(변 ㄱㄴ)$=6$ cm

**7** 점대칭도형에서 각각의 대응각의 크기가 서로 같다.
➡ (각 ㄷㄹㅁ)$=$(각 ㅂㄱㄴ)$=125°$

**1** 20 이상 30 미만인 수

**2** 5개

**3** 550명

**4** 35 kg

**5** 4쌍, 4쌍

**6** 95°

**7** 9 cm

---

**1** 20과 같거나 크고 30보다 작은 수
        <u>이상</u>          <u>미만</u>
  ➡ 20 이상 30 미만인 수

**2** 10 초과 16 미만인 자연수
  ➡ 10보다 크고 16보다 작은 자연수
  ➡ 11, 12, 13, 14, 15
  따라서 10 초과 16 미만인 자연수는 모두 5개이다.

**3** 일의 자리 수가 0보다 크므로 올린다.
  544 ➡ 550
  올린다.

**4** 소수 첫째 자리 숫자가 7이므로 올린다.
  34.7 ➡ 35
   올린다.

**5** 두 도형은 서로 합동인 사각형이므로 대응점, 대응각이 각각 4쌍 있다.

> 참고
> 서로 합동인 두 도형을 포개었을 때 완전히 겹치는 점을 대응점, 완전히 겹치는 각을 대응각이라고 한다.

**6** 선대칭도형에서 각각의 대응각의 크기가 서로 같다.
  각 ㅂㄱㄴ의 대응각은 각 ㅂㅁㄹ이고 각 ㅂㅁㄹ은 95°이다.
  ➡ (각 ㅂㄱㄴ)=(각 ㅂㅁㄹ)=95°

**7** 점대칭도형에서 각각의 대응변의 길이가 서로 같다.
  (변 ㄷㄹ)=(변 ㅂㄱ)=6 cm,
  (변 ㅂㅁ)=(변 ㄷㄴ)=3 cm
  ➡ (변 ㄷㄹ)+(변 ㅂㅁ)=6+3=9 (cm)

**문해력 문제 1**

전략 7

풀이 ❶ 4, 5, 6, 7     ❷ 74, 75, 76, 77     ❸ 4

답 4명

**1-1** 5개                     **1-2** 4개

**1-3** 37, 38, 47, 48

**1-1** 전략
일의 자리 숫자가 3인 두 자리 수는 ■3이므로 ■에 알맞은 수를 찾아 리안이가 만들 수 있는 수를 구한다.

❶ 십의 자리 숫자가 될 수 있는 수 구하기
  5 이상 9 이하인 수: 5, 6, 7, 8, 9

> 참고
> 5 이상 9 이하인 수 ➡ 5와 같거나 크고 9와 같거나 작은 수
>                  ➡ 5, 6, 7, 8, 9

❷ 만들 수 있는 수: 53, 63, 73, 83, 93
❸ 리안이가 만들 수 있는 수는 모두 5개이다.

**1-2** 전략
자연수 부분이 8인 소수 한 자리 수는 8.■이므로 ■에 알맞은 수를 찾아 혜림이가 만들 수 있는 수를 구한다.

❶ 소수 첫째 자리 숫자가 될 수 있는 수 구하기
  1 이상 5 미만인 수: 1, 2, 3, 4

> 참고
> 1 이상 5 미만인 수 ➡ 1과 같거나 크고 5보다 작은 수
>                  ➡ 1, 2, 3, 4

❷ 만들 수 있는 수: 8.1, 8.2, 8.3, 8.4
❸ 혜림이가 만들 수 있는 수는 모두 4개이다.

**1-3** ❶ 2 초과 5 미만인 수: 3, 4
❷ 7 이상 8 이하인 수: 7, 8
❸ 예빈이가 만들 수 있는 수: 37, 38, 47, 48

> 참고
>

## 3주 1일 72~73쪽

**문해력 문제 2**

**전략** 4

**풀기** ① 3, 1, 60, 1, 61　　② 4, 80　　③ 61, 80

**답** 61명 이상 80명 이하

**2-1** 241개 이상 270개 이하

**2-2** 75송이 이상 100송이 이하

**2-3** 25개 이상 49개 이하

---

**2-1** ① 수확한 사과 수가 가장 적은 경우:
$30 \times 8 + 1 = 240 + 1 = 241$(개)

**참고**
수확한 사과 수가 가장 적은 경우는 상자 8개에 30개씩 담고, 9번째 상자에 1개를 담을 때이다.

② 수확한 사과 수가 가장 많은 경우:
$30 \times 9 = 270$(개)

**참고**
수확한 사과 수가 가장 많은 경우는 상자 9개에 30개씩 담을 때이다.

③ 과수원에서 수확한 사과는 241개 이상 270개 이하이다.

**2-2** ① 꽂을 수 있는 장미가 가장 적은 경우:
$15 \times 5 = 75$(송이)

② 꽂을 수 있는 장미가 가장 많은 경우:
$20 \times 5 = 100$(송이)

③ 꽂을 수 있는 장미는 75송이 이상 100송이 이하이다.

**2-3** ① 학생 수가 가장 적은 경우:
$25 \times 4 + 1 = 100 + 1 = 101$(명)
➡ (남는 기념품 수)$= 150 - 101 = 49$(개)

② 학생 수가 가장 많은 경우: $25 \times 5 = 125$(명)
➡ (남는 기념품 수)$= 150 - 125 = 25$(개)

③ 남는 기념품은 25개 이상 49개 이하이다.

**참고**
학생 수가 가장 적은 경우에 남는 기념품 개수가 가장 많고, 학생 수가 가장 많은 경우에 남는 기념품 개수가 가장 적다.

---

## 3주 2일 74~75쪽

**문해력 문제 3**

**전략** 2 / 올림에 ○표

**풀기** ① 2, 1024

② 1024, 올림에 ○표, 1030, 103

**답** 103묶음

**3-1** 4봉지　　　　　　**3-2** 3000원

**3-3** 528000원

---

**3-1** ① (필요한 밀가루의 양)$= 160 \times 20 = 3200$ (g)

② 밀가루를 1000 g씩 사야 하므로 3200을 올림하여 천의 자리까지 나타내면 4000이다.
따라서 밀가루는 최소 4봉지 사야 한다.

**참고**
밀가루를 1000 g씩 사야 하므로 올림하여 천의 자리까지 나타낸다.

**3-2** ① 100원짜리 동전 27개는 2700원, 50원짜리 동전 10개는 500원이므로 저금통에 있는 돈은 모두 3200원이다.

② 3200을 버림하여 천의 자리까지 나타내면 3000이다.
따라서 1000원짜리 지폐로 최대 3000원까지 바꿀 수 있다.

**참고**
1000원이 안되는 금액은 1000원짜리 지폐로 바꿀 수 없으므로 버림하여 천의 자리까지 나타낸다.

**3-3** **전략**
전체 감을 최대 몇 상자까지 담을 수 있는지 구하여 상자에 담은 감을 모두 팔았을 때의 금액을 구한다.

① (전체 감의 수)$= 495 + 386 = 881$(개)

② 상자에 10개씩 담으므로 881을 버림하여 십의 자리까지 나타내면 880이다.
따라서 감을 최대 88상자까지 담을 수 있다.

③ (상자에 담은 감을 모두 팔았을 때의 금액)
$= 6000 \times 88 = 528000$(원)
➡ 받을 수 있는 돈은 최대 528000원이다.

## 문해력 문제 4

**전략** 배수에 ○표 / 8

**풀이** ❶ 125, 135    ❷ 128    ❸ 128, 16

**답** 16

**4-1** 12                    **4-2** 205 이상 215 미만

**4-3** 6100명

**4-1** ❶ 올림하여 십의 자리까지 나타내었을 때 110이 되는 자연수의 범위: 100 초과 110 이하
❷ 올림하기 전의 수는 9의 배수이므로 108이다.
❸ 민아가 생각한 수: 108÷9=12

┌ 다르게 풀이 ┐
❶ 올림하여 십의 자리까지 나타내었을 때 110이 되는 자연수: 101, 102, 103, 104, 105, 106, 107, 108, 109, 110
❷ 올림하기 전의 수는 9의 배수이므로 ❶에서 구한 수 중에서 9의 배수를 찾으면 108이다.
❸ 민아가 생각한 수: 108÷9=12

**4-2** ❶ 185를 반올림하여 십의 자리까지 나타내면 190이다.
❷ 어떤 자연수를 반올림하여 십의 자리까지 나타낸 수는 400−190=210이다.
❸ 반올림하여 십의 자리까지 나타내었을 때 210이 되는 자연수의 범위: 205 이상 215 미만

> **참고**
> 반올림하여 십의 자리까지 나타내었을 때 210이 되는 자연수: 205, 206, 207, 208, 209, 210, 211, 212, 213, 214 ➡ 205 이상 215 미만

**4-3** ❶ 반올림하여 백의 자리까지 나타내었을 때 3200이 되는 수의 범위: 3150 이상 3250 미만
❷ 반올림하여 백의 자리까지 나타내었을 때 3000이 되는 수의 범위: 2950 이상 3050 미만
❸ 전체 인구수는 최소 3150+2950=6100(명)이다.

> **참고**
> 전체 인구수의 최솟값은 남자 인구수의 최솟값과 여자 인구수의 최솟값을 더한다.

## 문해력 문제 5

**전략** 2

**풀이** ❶ 3, 3, 6, 4    ❷ 6, 12

**답** 12 cm²

**5-1** 66 cm²                    **5-2** 20 cm²

**5-3** 64 cm²

**5-1** ❶ (선분 ㄱㅁ)=(선분 ㄹㅁ)=4 cm이므로 사다리꼴 ㄱㄴㄷㄹ의 윗변의 길이는 4+4=8 (cm), 아랫변의 길이는 14 cm, 높이는 6 cm이다.

> **참고**
> 선대칭도형에서 대응점에서 대칭축까지의 거리는 같으므로 선분 ㄱㅁ과 선분 ㄹㅁ의 길이가 같음을 이용하여 윗변의 길이를 구하고, 대응점을 이은 선분은 대칭축과 수직으로 만남을 이용하여 높이를 구한다.

❷ (사다리꼴 ㄱㄴㄷㄹ의 넓이)
=(8+14)×6÷2=66 (cm²)

> **참고**
> (사다리꼴의 넓이)
> =((윗변의 길이)+(아랫변의 길이))×(높이)÷2

**5-2** ❶ (변 ㄷㄹ)=(변 ㄷㄴ)=(변 ㄱㄴ)=8 cm이므로 밑변의 길이는 8 cm이고,
(변 ㅁㄷ)=(변 ㅁㄱ)=5 cm이므로 높이는 5 cm이다.

> **참고**
> 변 ㅁㄷ을 밑변, 변 ㄷㄹ을 높이로 생각할 수도 있다.

❷ (색칠한 삼각형의 넓이)=8×5÷2=20 (cm²)

**5-3** ❶ 삼각형 ㄱㄴㄷ의 밑변이 변 ㄴㄷ일 때
(선분 ㄴㄹ)=(선분 ㄷㄹ)=8 cm이므로
(밑변의 길이)=8+8=16 (cm)이다.
❷ 삼각형 ㄱㄴㄷ에서 (각 ㄱㄴㄷ)=90°,
(각 ㄹㄱㄷ)=180°−90°−45°=45°이므로
삼각형 ㄱㄴㄷ은 이등변삼각형이다.
➡ (삼각형 ㄱㄴㄷ의 높이)=(변 ㄱㄹ)=8 cm
❸ (삼각형 ㄱㄴㄷ의 넓이)=16×8÷2=64 (cm²)

> **참고**
> • 이등변삼각형의 성질
> ① 두 변의 길이가 같다.  ② 두 각의 크기가 같다.

## 3주 일

### 문해력 문제 6

**풀기** ❶ 125  ❷ 360, 125, 65

**답** 65°

**6-1** 80°  **6-2** 65°

**6-3** 70°

**6-1** 전략

점대칭도형은 각각의 대응각의 크기가 서로 같다는 성질을 이용하여 각 ㄱㄴㄷ의 크기를 구하고, 삼각형 ㄱㄴㄷ에서 각 ㄴㄱㄷ의 크기를 구한다.

❶ 각 ㄱㄴㄷ의 크기 구하기

(각 ㄱㄴㄷ)=(각 ㄷㄹㄱ)=60°

❷ 각 ㄴㄱㄷ의 크기 구하기

삼각형의 세 각의 크기의 합은 180°이므로 삼각형 ㄱㄴㄷ에서

(각 ㄴㄱㄷ)=180°−60°−40°=80°이다.

**6-2** ❶ (각 ㄴㅇㄷ)=(각 ㄹㅇㄱ)=50°

참고

각 ㄴㅇㄷ의 대응각은 각 ㄹㅇㄱ이고 점대칭도형에서 대응각의 크기는 서로 같다.

❷ 삼각형의 세 각의 크기의 합은 180°이고 삼각형 ㅇㄴㄷ은 이등변삼각형이므로

(각 ㅇㄷㄴ)=(180°−50°)÷2=65°이다.

참고

한 원에서 반지름은 모두 같으므로

(변 ㄱㅇ)=(변 ㄹㅇ)=(변 ㄴㅇ)=(변 ㄷㅇ)이다.

➡ 두 변의 길이가 같으므로 삼각형 ㅇㄴㄷ은 이등변삼각형이고 (각 ㅇㄷㄴ)=(각 ㅇㄴㄷ)이다.

**6-3** ❶ (각 ㅁㄷㄹ)=(각 ㄴㅂㄱ)=40°

❷ (선분 ㄷㄴ)=(선분 ㄴㅇ)=(선분 ㅇㅁ)=3 cm 이므로 (선분 ㄷㅁ)=3+3+3=9 (cm)이다.

❸ 삼각형 세 각의 크기의 합은 180°이고 삼각형 ㅁㄷㄹ은 이등변삼각형이므로

(각 ㅁㄹㄷ)=(180°−40°)÷2=70°이다.

참고

(선분 ㄷㅁ)=(변 ㄷㄹ)=9 cm이므로 삼각형 ㅁㄷㄹ은 이등변삼각형이다.

## 3주 일

### 문해력 문제 7

**전략** ㄴㄷ

**풀기** ❶ ㄱㄴ, 14  ❷ ㄹㅁ, 8  ❸ 8, 6

**답** 6 cm

**7-1** 9 cm  **7-2** 60 cm

**7-3** 162 cm²

**7-1** ❶ 변 ㄱㄹ의 길이 구하기

(변 ㄱㄹ)=(변 ㅁㄹ)=14 cm

참고

변 ㄱㄹ의 대응변은 변 ㅁㄹ이다.

❷ 변 ㅅㄹ의 길이 구하기

(변 ㅅㄹ)=(변 ㄷㄹ)=5 cm

참고

변 ㅅㄹ의 대응변은 변 ㄷㄹ이다.

❸ 선분 ㄱㅅ의 길이 구하기

(선분 ㄱㅅ)=(변 ㄱㄹ)−(변 ㅅㄹ)

=14−5=9 (cm)

참고

합동인 두 도형에서 대응변의 길이는 서로 같다.

**7-2** ❶ (변 ㄴㄹ)=(변 ㅁㄹ)=10 cm

❷ (변 ㄷㄹ)=(변 ㄱㄹ)=(선분 ㄱㄴ)+(변 ㄴㄹ)

=14+10=24 (cm)

❸ (삼각형 ㄴㄷㄹ의 둘레)=26+24+10

=60 (cm)

**7-3** ❶ (변 ㄴㄷ)=(변 ㄹㅁ)=12 cm

❷ (변 ㄷㄹ)=(변 ㄱㄴ)=6 cm

❸ (사다리꼴의 높이)=(변 ㄴㄹ)

=(변 ㄴㄷ)+(변 ㄷㄹ)

=12+6=18 (cm)

➡ (사다리꼴의 넓이)=(6+12)×18÷2

=162 (cm²)

참고

사다리꼴에서 평행한 두 변이 각각 윗변과 아랫변이다.

사다리꼴 ㄱㄴㄹㅁ에서 윗변은 변 ㄱㄴ, 아랫변은 변 ㅁㄹ, 높이는 변 ㄴㄹ로 하여 넓이를 구한다.

**문해력 문제 8**

**풀기** ❶ 35    ❷ 90, 35, 35, 20    ❸ 90, 20, 70

**답** 70°

**8-1** 80°          **8-2** 18 cm²

**8-3** 70°

**8-1** ❶ (각 ㅂㄹㄱ)=(각 ㅂㄹㅁ)=70°

> **참고**
> 색종이를 접으면 접기 전에 접힌 부분이 있던 부분의 모양과 접힌 부분의 모양이 서로 합동이다.

❷ 일직선은 180°이므로
   (각 ㄴㄹㅁ)=180°-70°-70°=40°이다.

❸ 삼각형 ㄹㄴㅁ에서 (각 ㄹㄴㅁ)=60°이므로
   (각 ㄹㅁㄴ)=180°-60°-40°=80°이다.

> **참고**
> 정삼각형은 세 각의 크기가 각각 60°로 모두 같다.

**8-2** ❶ (각 ㅁㄱㅂ)=(각 ㄴㄱㅂ)=90°÷2=45°

❷ (각 ㅁㅂㄱ)=(각 ㄴㅂㄱ)=90°÷2=45°

❸ 오려진 삼각형은 (변 ㄱㅁ)=(변 ㅂㅁ)=6 cm인 이등변삼각형이다.
   ➡ (오려진 삼각형의 넓이)=6×6÷2=18 (cm²)

> **참고**
> 두 각의 크기가 같은 삼각형은 이등변삼각형이다.

**8-3** ❶ 사각형 ㅁㅈㄷㄹ에서
   (각 ㅁㅈㄷ)=360°-55°-90°-90°=125°이다.

> **참고**
> 직사각형은 네 각이 모두 직각이다.
> (각 ㅁㄹㄷ)=(각 ㄹㄷㅈ)=90°

❷ 일직선은 180°이므로
   (각 ㅁㅈㅂ)=180°-125°=55°이다.

❸ (각 ㅁㅈㅇ)=(각 ㅁㅈㄷ)=125°이므로
   (각 ㅂㅈㅇ)=125°-55°=70°이다.

> **참고**
> 사각형의 네 각의 크기의 합은 360°이다.

**기출 1**

❶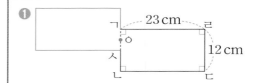

❷ 3, 3, 3, 6

❸ (점대칭도형의 둘레)=(23+12+23+6)×2
              =128 (cm)

**답** 128 cm

**기출 2**

❶ 2, 3

❷ 8 / 2538, 2583, 2835, 2853 / 2 / 3258, 3285

❸ 모두 4+2=6(개)이다.

**답** 6개

**융합 3**

❶ 307500

❷ 올림에 ○표, 십에 ○표, 620 / 62, 62, 279000

❸ 올림에 ○표, 백에 ○표, 700 / 7, 7, 280000

❹ **예** 279000<280000<307500이므로 필요한 돈이 가장 적은 곳은 대형마트이다.

**답** 대형마트

**융합 4**

❶ 14, ㄱㄷ, 14

❷ ㄴㄱㄷ, 30

❸ (각 ㄴㄱㄷ)+(각 ㄹㄱㄷ)=30°+30°=60°

❹ **예** 삼각형 ㄱㄴㄹ은 한 변의 길이가 14 m인 정삼각형이므로 변 ㄴㄹ은 14 m이다.

**답** 14 m

## 3주 주말 TEST — 90~93쪽

| | |
|---|---|
| **1** 2개 | **2** 166명 이상 180명 이하 |
| **3** 120개 이상 150개 이하 | **4** 14묶음 |
| **5** 12 | **6** 80 m² |
| **7** 140° | **8** 7 cm |
| **9** 30 cm | **10** 40° |

**1** ❶ 2 초과 5 미만인 수: 3, 4
❷ 만들 수 있는 수: 39, 49
❸ 주아가 만들 수 있는 수는 모두 2개이다.

**2** [전략]
학생 수가 가장 적은 경우와 가장 많은 경우의 학생 수를 각각 구하여 수의 범위로 나타낸다.

❶ 학생 수가 가장 적은 경우:
$15 \times 11 + 1 = 165 + 1 = 166$(명)
❷ 학생 수가 가장 많은 경우:
$15 \times 12 = 180$(명)
❸ 미진이네 학교 5학년 학생은 166명 이상 180명 이하이다.

**3** ❶ 방향제를 가장 적게 담는 경우: $20 \times 6 = 120$(개)
[참고]
방향제를 가장 적게 담는 경우는 상자 6개에 방향제를 20개씩 담을 때이다.

❷ 방향제를 가장 많이 담는 경우: $25 \times 6 = 150$(개)
[참고]
방향제를 가장 많이 담는 경우는 상자 6개에 방향제를 25개씩 담을 때이다.

❸ 담을 수 있는 방향제는 120개 이상 150개 이하이다.

**4** ❶ (필요한 풍선 수)$= 22 \times 6 = 132$(개)
❷ 풍선을 10개씩 묶음으로 사야 하므로 132를 올림하여 십의 자리까지 나타내면 140이다.
따라서 풍선은 최소 14묶음 사야 한다.
[주의]
사야 하는 풍선의 개수를 구하는 문제가 아니므로 140으로 답하지 않도록 주의한다.

**5** ❶ 올림하여 십의 자리까지 나타내었을 때 90이 되는 자연수의 범위: 80 초과 90 이하
❷ 올림하기 전의 수는 7의 배수이므로 84이다.
❸ 유빈이가 생각한 수: $84 \div 7 = 12$

[다르게 풀기]
❶ 올림하여 십의 자리까지 나타내었을 때 90이 되는 자연수: 81, 82, 83, 84, 85, 86, 87, 88, 89, 90
❷ 7을 곱하였으므로 ❶에서 구한 수 중에서 7의 배수를 찾으면 84이다.
❸ 유빈이가 생각한 수: $84 \div 7 = 12$

**6** ❶ (선분 ㄴㅁ)=(선분 ㄹㅁ)=8 m이므로 마름모 ㄱㄴㄷㄹ의 한 대각선의 길이는 $8+8=16$ (m), 다른 대각선의 길이는 10 m이다.
❷ (마름모 ㄱㄴㄷㄹ의 넓이)
$= 16 \times 10 \div 2 = 80$ (m²)
[참고]
· 마름모의 두 대각선은 수직으로 만나고 서로 이등분한다.
· (마름모의 넓이)
=(한 대각선의 길이)×(다른 대각선의 길이)÷2

**7** ❶ (각 ㄴㅁㅂ)=(각 ㅁㄷㄷ)=60°
❷ 사각형의 네 각의 크기의 합은 360°이므로
사각형 ㄱㄴㅁㅂ에서
(각 ㄱㅂㅁ)$= 360° - 90° - 70° - 60° = 140°$이다.

**8** [전략]
선분 ㄴㅁ의 길이는 변 ㄴㄷ의 길이에서 변 ㅁㄷ의 길이를 뺀 것과 같다.

❶ (변 ㄴㄷ)=(변 ㅁㄹ)=14 cm
❷ (변 ㅁㄷ)=(변 ㄴㄱ)=7 cm
❸ (선분 ㄴㅁ)=(변 ㄴㄷ)-(변 ㅁㄷ)
$= 14 - 7 = 7$ (cm)

**9** ❶ (변 ㅁㄹ)=(변 ㄱㄴ)=13 cm
❷ (변 ㄱㄷ)=(변 ㅁㄷ)=12 cm이므로
(변 ㄹㄷ)=(변 ㄱㄷ)-(선분 ㄱㄹ)
$= 12 - 7 = 5$ (cm)이다.
❸ (삼각형 ㅁㄹㄷ의 둘레)$= 13 + 5 + 12 = 30$ (cm)

**10** ❶ (각 ㄹㄱㄷ)=(각 ㅂㄱㄷ)=20°
❷ 직사각형의 한 각은 90°이므로
(각 ㄴㄱㅁ)$= 90° - 20° - 20° = 50°$이다.
❸ 삼각형 ㄱㄴㅁ에서
(각 ㄱㅁㄴ)$= 180° - 50° - 90° = 40°$이다.

## 4주 평균과 가능성 / 직육면체

1 확실하다 » 확실하다

2 $\frac{1}{2}$ » $\frac{1}{2}$

3 9, 5, 5 » 9, 5, 5 / 5

4 30, 3, 20 » (10+20+30)÷3=20, 20번

5 3, 114 » 38, 3, 114 / 114 kg

6 12 » 12개

7 12, 60 » 5×12=60, 60 cm

2 100원짜리 동전을 한 개 던질 때 나올 수 있는 면은 그림 면과 숫자 면이다. 따라서 그림 면이 나올 가능성을 수로 표현하면 $\frac{1}{2}$이다.

3 1부터 10까지의 수 중에서 홀수는 1, 3, 5, 7, 9이다.
(평균)=(자료의 값을 모두 더한 수)÷(자료의 수)
　　　=(1+3+5+7+9)÷5=25÷5=5

1 (12+14+16)÷3=14, 14쪽

2 15쪽

3 (40+30+32+30)÷4=33, 33분

4 4000×12=48000, 48000원

5 300÷6=50, 50 km

6 4개

7 (4+1)×2=10, 10 cm

2 목요일까지 읽은 독서량의 평균이 수요일까지 읽은 독서량의 평균보다 높으려면 목요일에는 수요일까지 읽은 독서량의 평균인 14쪽보다 많이 읽어야 한다. 따라서 목요일에는 적어도 15쪽을 읽어야 한다.

4 (지난 한 해 동안 저금한 금액)
=(한 달에 저금한 금액의 평균)×(개월 수)
=4000×12=48000(원)

5 (한 시간 동안 달린 거리의 평균)
=(달린 거리)÷(달린 시간)
=300÷6=50 (km)

7 직육면체에서 한 면과 평행한 면은 모양과 크기가 서로 같다. 따라서 색칠한 면과 평행한 면의 모서리의 길이의 합은 색칠한 면의 모서리의 길이의 합인 (4+1)×2=10 (cm)이다.

**문해력 문제 1**

풀기 ❶ 3, 4, 5, 6 / 3, 4, 5, 6

❷ 확실하다에 ○표, 1

답 1

1-1 0            1-2 0

1-3 $\frac{1}{2}$

1-1 ❶ 주사위를 굴려 나올 수 있는 눈의 수:
1, 2, 3, 4, 5, 6
나온 눈의 수가 7 이상인 경우: 없다.
❷ 나온 눈의 수가 7 이상일 가능성은
'불가능하다'이며, 수로 표현하면 0이다.

1-2 ❶ 제비를 뽑을 때 나올 수 있는 제비: 당첨 제비
뽑은 제비가 당첨 제비가 아닌 경우: 없다.
❷ 뽑은 제비가 당첨 제비가 아닐 가능성은
'불가능하다'이며, 수로 표현하면 0이다.

참고
• 일이 일어날 전체의 경우: 당첨 제비
• 주어진 조건의 경우: 뽑은 제비가 당첨 제비가 아닌 경우

1-3 ❶ (상자 안에 들어 있는 전체 공의 수)
=3+3+6=12(개)
(노란색 공의 수)=6개
❷ 꺼낸 공이 노란색 공일 가능성은
'반반이다'이며, 수로 표현하면 $\frac{1}{2}$이다.

## 4주 1일 102 ~ 103쪽

**문해력 문제 2**

풀기 ❶ 4, 6 / 반반이다에 ○표

❷ 없다. / 불가능하다에 ○표

❸ ㉠에 ○표

답 ㉠

**2-1** ㉡        **2-2** ㉢

---

**2-1** ❶ ㉠이 일어날 가능성을 말로 표현하기

㉠ 뽑은 수 카드의 수가 15인 경우: 없다.

➡ 가능성: 불가능하다

❷ ㉡이 일어날 가능성을 말로 표현하기

㉡ 뽑은 수 카드의 수가 12의 약수인 경우:

1, 2, 3, 4, 6, 12

➡ 가능성: 반반이다

❸ 일이 일어날 가능성이 더 높은 것 찾기

일이 일어날 가능성이 더 높은 것: ㉡

> 참고
> 1부터 12까지의 12개의 수 중에서 12의 약수는
> 1, 2, 3, 4, 6, 12로 6개이다.
> 따라서 뽑은 수 카드의 수가 12의 약수일 가능성은 '반반이다'이다.

**2-2** ❶ ㉠ 나온 주사위의 눈의 수가 4의 약수인 경우:

1, 2, 4

➡ 가능성: 반반이다

❷ ㉡ 나온 주사위의 눈의 수가 0인 경우: 없다.

➡ 가능성: 불가능하다

❸ ㉢ 나온 주사위의 눈의 수가 6 이하인 경우:

1, 2, 3, 4, 5, 6

➡ 가능성: 확실하다

❹ 일이 일어날 가능성이 가장 높은 것: ㉢

> 참고
> 일이 일어날 가능성이 높은 것부터 차례로 쓰면
> 확실하다 > 반반이다 > 불가능하다 이다.

## 4주 2일 104 ~ 105쪽

**문해력 문제 3**

전략 ÷ / ÷

풀기 ❶ 4, 20    ❷ 90, 6, 15

❸ 20, >, 15 / 선아

답 선아

**3-1** ㉡ 지역        **3-2** 80점

**3-3** 영재네 모둠

---

**3-1** 전략
> 두 지역의 강수량의 평균을 각각 구한 다음 구한 두 평균을 비교한다.

❶ ㉠ 지역의 강수량의 평균 구하기

(㉠ 지역의 강수량의 평균)

$=125÷25=5 \, (mm)$

❷ ㉡ 지역의 강수량의 평균 구하기

(㉡ 지역의 강수량의 평균)

$=120÷20=6 \, (mm)$

❸ 두 지역의 강수량의 평균 비교하기

5<6이므로 강수량의 평균이 더 높은 지역은 ㉡ 지역이다.

**3-2** ❶ 해나네 모둠의 수학 점수의 평균 구하기

(해나네 모둠의 수학 점수의 평균)

$=(60+85+80+95)÷4$

$=320÷4=80(점)$

❷ 건후네 모둠의 수학 점수의 평균 구하기

(건후네 모둠의 수학 점수의 평균)

$=(80+72+86+90)÷4$

$=328÷4=82(점)$

❸ 두 모둠의 수학 점수의 평균 비교하기

80<82이므로 수학 점수의 평균이 더 낮은 모둠은 해나네 모둠으로 80점이다.

**3-3** ❶ (영재네 모둠의 평균)$=(45+30+42+39)÷4$

$=156÷4=39(번)$

❷ (진주네 모둠의 평균)

$=(48+46+32+35+24)÷5$

$=185÷5=37(번)$

❸ 39>37이므로 줄넘기 이중 뛰기 횟수의 평균이 더 높은 모둠은 영재네 모둠이다.

### 문해력 문제 4

전략 ÷

풀기 ❶ 90, 5　　❷ 90, 220, 11

❸ 220, 20

답 20살

**4-1** 38 kg　　　　**4-2** 74 km

**4-3** 0.6 cm

**4-1** ❶ (남학생들의 몸무게의 합) $= 40 \times 12$
$= 480$ (kg)
(여학생들의 몸무게의 합) $= 35 \times 8$
$= 280$ (kg)
❷ (미리네 반 학생들의 몸무게의 합)
$= 480 + 280 = 760$ (kg)
(미리네 반 학생 수) $= 20$명
❸ (미리네 반 학생들의 몸무게의 평균)
$= 760 \div 20 = 38$ (kg)

참고

(평균) = (자료의 값을 모두 더한 수) ÷ (자료의 수)
➡ (자료의 값을 모두 더한 수) = (평균) × (자료의 수)

**4-2** ❶ (160 km를 가는 데 걸린 시간)
$= 160 \div 80 = 2$(시간)
(210 km를 가는 데 걸린 시간)
$= 210 \div 70 = 3$(시간)
❷ (달린 전체 거리) $= 160 + 210 = 370$ (km)
(전체 걸린 시간) $= 2 + 3 = 5$(시간)
❸ (한 시간 동안 달린 거리의 평균)
$= 370 \div 5 = 74$ (km)

**4-3** 전략

2명이 늘어난 진우네 모둠 학생 수는 $6 + 2 = 8$(명)이므로 평균 키는 8명의 키의 합을 8로 나누어 구한다.

❶ (진우네 모둠 학생 6명의 키의 합)
$= 152.4 \times 6 = 914.4$ (cm)
❷ (2명이 늘어난 진우네 모둠 학생들의 키의 평균)
$= (914.4 + 154.6 + 155) \div (6 + 2)$
$= 1224 \div 8 = 153$ (cm)
❸ (늘어난 평균) $= 153 - 152.4$
$= 0.6$ (cm)

### 문해력 문제 5

전략 ―

풀기 ❶ 3, 900　　❷ 900, 900, 310

답 310 kg

**5-1** 350타　　　　**5-2** 18살

**5-1** 전략

3회 때 타자 기록은 4회까지의 타자 기록의 합에서 1회, 2회, 4회 때 타자 기록을 빼서 구한다.

❶ 4회까지의 타자 기록의 합 구하기
(4회까지의 타자 기록의 합)
$= 325 \times 4 = 1300$(타)
❷ 3회 때 타자 기록 구하기
(3회 때 타자 기록)
$= 1300 - (290 + 345 + 315)$
$= 1300 - 950 = 350$(타)

**5-2** ❶ (재훈이네 가족의 나이의 평균)
$= (40 + 38 + 12) \div 3$
$= 90 \div 3 = 30$(살)
❷ (유빈이네 가족의 나이의 평균)
$=$ (재훈이네 가족의 나이의 평균)
$= 30$살
❸ (유빈이네 가족의 나이의 합)
$= 30 \times 4 = 120$(살)

주의

재훈이네 가족은 3명이고 유빈이네 가족은 4명이므로 재훈이네 가족의 나이의 합이 유빈이네 가족의 나이의 합과 같지 않음에 주의한다.

❹ (유빈이 오빠의 나이)
$= 120 - (45 + 43 + 14)$
$= 120 - 102 = 18$(살)

참고

❷ 두 가족의 나이의 평균이 같다.
❸ (유빈이네 가족의 나이의 합)
$=$ (유빈이네 가족의 나이의 평균) $\times 4$

**문해력 문제 6**

전략 − / +

풀이 ❶ 132, 130, 2    ❷ 2, 138

답 138 cm

**6-1** 30살      **6-2** 16점

**6-3** 144 cm

---

**6-1** ❶ (늘어난 평균)=22−20=2(살)

참고

(늘어난 평균)
=(한 명이 더 들어온 후 나이의 평균)
  −(처음 동아리 회원 4명의 나이의 평균)

❷ (새로운 회원의 나이)=20+2×5=30(살)

다르게 풀기

❶ (처음 동아리 회원 4명의 나이의 합)
  =20×4=80(살)

❷ (한 명이 더 들어온 후 동아리 회원 5명의 나이의 합)
  =22×5=110(살)

❸ (새로운 회원의 나이)
  =(한 명이 더 들어온 후 동아리 회원 5명의 나이의 합)−(처음 동아리 회원 4명의 나이의 합)
  =110−80=30(살)

**6-2** ❶ (낮아진 평균)=24−22=2(점)

❷ (4회 때 본 쪽지 시험 점수)
  =24−2×4=16(점)

다르게 풀기

❶ (3회까지 본 쪽지 시험 점수의 합)
  =24×3=72(점)

❷ (4회까지 본 쪽지 시험 점수의 합)
  =22×4=88(점)

❸ (4회 때 본 쪽지 시험 점수)
  =(4회까지 본 쪽지 시험 점수의 합)−(3회까지 본 쪽지 시험 점수의 합)
  =88−72=16(점)

**6-3** ❶ (전학생이 들어오기 전 성빈이네 모둠의 키의 평균)
  =(148+151+157+144)÷4
  =600÷4=150 (cm)

❷ (전학생의 키)=150−1.2×5=144 (cm)

---

**문해력 문제 7**

전략 ÷

풀이 ❶ 12, 6    ❷ 6, 6, 36

답 36 cm²

**7-1** 64 cm²

**7-2** 20 cm

**7-3** 40 cm²

---

**7-1** ❶ (한 모서리의 길이)=96÷12=8 (cm)

❷ (한 면의 넓이)=8×8=64 (cm²)

참고

❶ (정육면체의 모든 모서리의 길이의 합)
  =(한 모서리의 길이)×12
  ➡ (한 모서리의 길이)
    =(정육면체의 모든 모서리의 길이의 합)÷12

**7-2** ❶ (한 모서리의 길이)=60÷12=5 (cm)

❷ (한 면의 네 변의 길이의 합)
  =5×4=20 (cm)

참고

정육면체는 정사각형 6개로 둘러싸인 도형이다.
  ➡ (한 면의 네 변의 길이의 합)
    =(한 모서리의 길이)×4

**7-3** 전략

직육면체에는 길이가 같은 모서리가 각각 4개씩 있다는 것과 주어진 모든 모서리의 길이의 합을 이용해 ㉠의 길이를 구한다.

❶ (5+6+㉠)×4=76,
  5+6+㉠=76÷4=19

참고

직육면체에는 길이가 같은 모서리가 각각 4개씩 있다.

❷ 5+6+㉠=19, 11+㉠=19, ㉠=19−11,
  ㉠=8

❸ (색칠한 면의 넓이)=8×5=40 (cm²)

**문해력 문제 8**

**풀기** ❶ 4, 2  ❷ 4, 2, 46

**답** 46 cm

**8-1** 42 cm  **8-2** 70 cm

**8-3** 20 cm

---

**8-1** ❶ 길이가 각각 8 cm, 5 cm, 4 cm인 곳의 수 구하기
길이가 8 cm인 곳: 2군데
길이가 5 cm인 곳: 2군데
길이가 4 cm인 곳: 4군데

❷ 사용한 끈의 길이 구하기
사용한 끈의 길이는 적어도
$8 \times 2 + 5 \times 2 + 4 \times 4 = 42$ (cm)이다.

**8-2** ❶ 길이가 각각 10 cm, 7 cm, 6 cm인 곳의 수 구하기
길이가 10 cm인 곳: 2군데
길이가 7 cm인 곳: 4군데
길이가 6 cm인 곳: 2군데

❷ (상자를 둘러싸는 데 사용한 끈의 길이)
$= 10 \times 2 + 7 \times 4 + 6 \times 2$
$= 60$ (cm)

❸ 상자를 포장하는 데 사용한 끈의 길이는 적어도
$60 + 10 = 70$ (cm)이다.

**참고**
(상자를 포장하는 데 사용한 끈의 길이)
=(상자를 둘러싸는 데 사용한 끈의 길이)
+(매듭을 묶는 데 사용한 끈의 길이)

**8-3** ❶ 길이가 12 cm인 곳: 2군데
길이가 10 cm인 곳: 4군데
길이가 14 cm인 곳: 2군데

❷ (상자를 둘러싸는 데 사용한 끈의 길이)
$= 12 \times 2 + 10 \times 4 + 14 \times 2 = 92$ (cm)

❸ (매듭을 묶는 데 사용한 끈의 길이)
$= 112 - 92 = 20$ (cm)

**참고**
(매듭을 묶는 데 사용한 끈의 길이)
=(상자를 포장하는 데 사용한 끈의 길이)
−(상자를 둘러싸는 데 사용한 끈의 길이)

---

**기출 1**

❶ 26, 27, 23

❷ 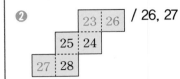 / 26, 27

❸ ㉠×㉡=26×27=702

**답** 702

**기출 2**

❶ (왼쪽에서부터) 5, 3, 6

❷ 5, 3, 6, 21

**답** 21

---

**기출 1**

정육면체의 전개도에서 마주 보는 면을 찾아 ㉠과 ㉡에 알맞은 수를 구하면 ㉠=26, ㉡=27이다.
➡ ㉠×㉡=26×27=702

**기출 2**

주사위에서 마주 보는 두 면의 눈의 수의 합은 7임을 이용한다.

---

**창의 3**

❶ 6개의 면에 칠해진 색: 빨간색, 보라색, 주황색, 노란색, 분홍색, 초록색

❷ 빨간색 면과 수직인 면에 칠해진 색: 보라색, 주황색, 분홍색, 초록색

❸ 빨간색 면과 평행한 면에 칠해진 색: 노란색

**답** 노란색

**융합 4**

❶ 8, 4 / 7, 6

❷ 9, 5 / (8+8)÷2=8(점)

❸ 6, <, 8 / 실시에 ○표 / 8, 6, 2

**답** 최종 실시 점수, 2점

---

**2** ❶ 단면 색종이를 제외한 나머지 색종이가 전체 색종이의 얼마만큼인지 구하기

단면 색종이를 제외한 나머지 색종이는 전체 색종이의 $1-\dfrac{4}{9}=\dfrac{5}{9}$ 만큼이다.

❷ 양면 색종이는 전체 색종이의 얼마만큼인지 구하기

양면 색종이는 전체 색종이의 $\dfrac{\overset{1}{\cancel{5}}}{\underset{3}{\cancel{9}}}\times\dfrac{\overset{1}{\cancel{3}}}{\underset{1}{\cancel{5}}}=\dfrac{1}{3}$ 만큼이다.

❸ 전체 색종이 수를 ■장이라 하여 실제 양면 색종이 수를 구하는 식 쓰기

전체 색종이 수를 ■장이라 하면 $■\times\dfrac{1}{3}=105$ 이다.

❹ 전체와 부분의 관계를 이용하여 ❸의 식에서 전체 색종이 수를 구하기

■의 $\dfrac{1}{3}$ 이 105이므로 ■는 $105\times3=315$ 이다.

➡ 전체 색종이 수: 315장

> **참고**
>
> $■\times\dfrac{1}{3}=105$
>
> ➡ ■의 $\dfrac{1}{3}$ 이 1050이다.
>
> ➡ ■를 3으로 나눈 것 중의 1이 1050이다.
>
> ➡ ■$=105\times3$

**3**
> **전략**
>
> ① 잘못 계산한 식을 세워서
> ② 어떤 수를 구하고
> ③ 구한 어떤 수를 이용해 바르게 계산한 값을 구하자.

❶ 잘못 계산한 식: (어떤 수)$-\dfrac{4}{7}=\dfrac{3}{14}$

❷ (어떤 수)$=\dfrac{3}{14}+\dfrac{4}{7}=\dfrac{3}{14}+\dfrac{8}{14}=\dfrac{11}{14}$

❸ (바르게 계산한 값)$=\dfrac{11}{\underset{7}{\cancel{14}}}\times\dfrac{\overset{2}{\cancel{4}}}{7}=\dfrac{22}{49}$

**4** ❶ 잘못 계산한 식: (어떤 수)$+4=13\dfrac{7}{8}$

❷ (어떤 수)$=13\dfrac{7}{8}-4=9\dfrac{7}{8}$

❸ (바르게 계산한 값)
$=9\dfrac{7}{8}\times4=\dfrac{79}{\underset{2}{\cancel{8}}}\times\overset{1}{\cancel{4}}=\dfrac{79}{2}=39\dfrac{1}{2}$

**5** ❶ 잘못 계산한 식: (어떤 수)$-\dfrac{2}{3}=2$

❷ (어떤 수)$=2+\dfrac{2}{3}=2\dfrac{2}{3}$

❸ (바르게 계산한 값)
$=\dfrac{2}{3}\times2\dfrac{2}{3}+1\dfrac{4}{9}=\dfrac{2}{3}\times\dfrac{8}{3}+\dfrac{13}{9}=\dfrac{16}{9}+\dfrac{13}{9}$
$=\dfrac{29}{9}=3\dfrac{2}{9}$

---

**1주 3일 복습**     **5~6쪽**

| | | |
|---|---|---|
| **1** $5\dfrac{1}{3}$ m | **2** $1\dfrac{3}{7}$ m | **3** $1\dfrac{2}{5}$ cm |
| **4** $4\dfrac{2}{7}$ m | **5** $6$ m | **6** $19\dfrac{1}{5}$ m |

**1** ❶ (리본 4장의 길이의 합)
$=1\dfrac{13}{24}\times4=\dfrac{37}{\underset{6}{\cancel{24}}}\times\overset{1}{\cancel{4}}=\dfrac{37}{6}=6\dfrac{1}{6}$ (m)

❷ 리본이 겹치는 부분은 $4-1=3$(군데)이므로 (겹치는 부분의 길이의 합)
$=\dfrac{5}{\underset{6}{\cancel{18}}}\times\overset{1}{\cancel{3}}=\dfrac{5}{6}$ (m)이다.

❸ (이어 붙인 리본의 전체 길이)
$=6\dfrac{1}{6}-\dfrac{5}{6}=5\dfrac{7}{6}-\dfrac{5}{6}=5\dfrac{2}{6}=5\dfrac{1}{3}$ (m)

> **참고**
>
> 리본 4장을 한 줄로 겹치게 이어 붙이면
>
>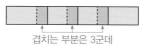
>
> 겹치는 부분은 3군데

**2** ❶ (찰흙 4덩이의 길이의 합)$=\dfrac{1}{\underset{1}{\cancel{2}}}\times\overset{2}{\cancel{4}}=2$ (m)

❷ 찰흙이 겹치는 부분은 4군데이므로 (겹치는 부분의 길이의 합)
$=\dfrac{1}{7}\times4=\dfrac{4}{7}$ (m)이다.

❸ (만든 시계 테두리의 둘레)$=2-\dfrac{4}{7}=1\dfrac{3}{7}$ (m)

> **참고**
>
> 찰흙 4덩이를 원 모양으로 겹치게 이어 붙이면
>
>
>
> 겹치는 부분은 4군데

**3** ❶ (색종이 5장의 길이의 합)

$$=10\frac{1}{2}\times5=\frac{21}{2}\times5=\frac{105}{2}=52\frac{1}{2}\,(\text{cm})$$

❷ (겹치는 부분의 길이의 합)

$$=52\frac{1}{2}-46\frac{9}{10}=52\frac{5}{10}-46\frac{9}{10}$$

$$=51\frac{15}{10}-46\frac{9}{10}=5\frac{6}{10}=5\frac{3}{5}\,(\text{cm})$$

❸ 색종이가 겹치는 부분은 $5-1=4$(군데)이고,

$$5\frac{3}{5}=\frac{28}{5}=\frac{7}{5}+\frac{7}{5}+\frac{7}{5}+\frac{7}{5}\text{이므로}$$

$\dfrac{7}{5}\,\text{cm}=1\dfrac{2}{5}\,\text{cm}$씩 겹치게 이어 붙였다.

**4** ❶ (첫 번째로 튀어 올랐을 때의 높이)

$$=23\frac{1}{3}\times\frac{3}{7}=\frac{\overset{10}{\cancel{70}}}{\underset{1}{\cancel{3}}}\times\frac{3}{\underset{1}{\cancel{7}}}=10\,(\text{m})$$

❷ (두 번째로 튀어 올랐을 때의 높이)

$$=10\times\frac{3}{7}=\frac{30}{7}=4\frac{2}{7}\,(\text{m})$$

**다르게 풀기**

❶ (두 번째로 튀어 올랐을 때의 높이)

$$=(\text{첫 번째로 튀어 올랐을 때의 높이})\times\frac{3}{7}$$

$$=23\frac{1}{3}\times\frac{3}{7}\times\frac{3}{7}=\frac{\overset{10}{\cancel{70}}}{\underset{1}{\cancel{3}}}\times\frac{3}{\underset{1}{\cancel{7}}}\times\frac{3}{7}=\frac{30}{7}$$

$$=4\frac{2}{7}\,(\text{m})$$

**5** ❶ (첫 번째로 튀어 올랐을 때의 높이)

$$=\overset{5}{\cancel{25}}\times\frac{2}{\underset{1}{\cancel{5}}}=10\,(\text{m})$$

❷ (두 번째로 튀어 올랐을 때의 높이)

$$=\overset{2}{\cancel{10}}\times\frac{2}{\underset{1}{\cancel{5}}}=4\,(\text{m})$$

❸ 차: $10-4=6\,(\text{m})$

**6** ❶ (땅에 한 번 닿을 때까지 움직인 거리)

$$=\left(8-6\frac{2}{5}\right)+8=1\frac{3}{5}+8=9\frac{3}{5}\,(\text{m})$$

❷ (땅에 한 번 닿았다가 튀어 올랐을 때의 높이)

$$=8\times\frac{3}{5}=\frac{24}{5}=4\frac{4}{5}\,(\text{m})$$

❸ (움직인 전체 거리)

$$=9\frac{3}{5}+4\frac{4}{5}\times2=9\frac{3}{5}+\frac{24}{5}\times2$$

$$=9\frac{3}{5}+\frac{48}{5}=9\frac{3}{5}+9\frac{3}{5}=18\frac{6}{5}=19\frac{1}{5}\,(\text{m})$$

---

**참고**

❶ (땅에 한 번 닿을 때까지 움직인 거리)

= (공을 던져 8 m까지 올라간 거리)

　+(8 m 높이에서 땅에 닿을 때까지 거리)

❸ (움직인 전체 거리)

= (땅에 한 번 닿을 때까지 움직인 거리)

　+(땅에 한 번 닿은 후 두 번 닿기까지 움직인 거리)

= (땅에 한 번 닿을 때까지 움직인 거리)

　+(땅에 한 번 닿았다가 튀어 올랐을 때의 높이)×2

---

**1주 4일 복습**　　7~8쪽

| | |
|---|---|
| **1** $95\frac{2}{3}$ L | **2** $\frac{1}{20}$ km |
| **3** 363 km | **4** 6시 37분 30초 |
| **5** 9시 10분 | **6** 10시 11분 15초 |

**1** ❶ (1분 동안 빠지는 물의 양)

$$=5\frac{2}{9}+6\frac{1}{6}=5\frac{4}{18}+6\frac{3}{18}=11\frac{7}{18}\,(\text{L})$$

❷ 8분 24초$=8\frac{24}{60}$분$=8\frac{2}{5}$분

❸ (8분 24초 동안 빠지는 물의 양)

$$=11\frac{7}{18}\times8\frac{2}{5}=\frac{\overset{41}{\cancel{205}}}{\underset{3}{\cancel{18}}}\times\frac{\overset{7}{\cancel{42}}}{\underset{1}{\cancel{5}}}=\frac{287}{3}=95\frac{2}{3}\,(\text{L})$$

**참고**

❶ 배수구 두 곳에서 물을 빼고 있으므로 1분 동안 각각 빠지는 물의 양의 합을 구한다.

❸ (8분 24초 동안 빠지는 물의 양)

　= (1분 동안 빠지는 물의 양)×(8분 24초)

**2** ❶ (출발하고 1분이 되었을 때 두 사람 사이의 거리)

$$=\frac{3}{5}-\frac{12}{25}=\frac{15}{25}-\frac{12}{25}=\frac{3}{25}\,(\text{km})$$

❷ 25초$=\frac{25}{60}$분$=\frac{5}{12}$분

❸ (출발하고 25초가 되었을 때 두 사람 사이의 거리)

$$=\frac{\overset{1}{\cancel{3}}}{\underset{5}{\cancel{25}}}\times\frac{\overset{1}{\cancel{5}}}{\underset{4}{\cancel{12}}}=\frac{1}{20}\,(\text{km})$$

**주의**

❶ 두 사람이 동시에 같은 방향으로 출발했으므로 1분 동안 두 사람이 가는 거리의 차를 구한다.

# 정답과 해설

**3** ❶ 48분=$\frac{48}{60}$시간=$\frac{4}{5}$시간

→ (A 기차가 48분 동안 간 거리)

$=150\frac{5}{8}\times\frac{4}{5}=\frac{\overset{241}{1205}}{\underset{2}{8}}\times\frac{\overset{1}{4}}{\underset{1}{5}}=\frac{241}{2}$

$=120\frac{1}{2}$ (km)

❷ (B 기차가 2시간 동안 간 거리)

$=121\frac{1}{4}\times2=\frac{485}{\underset{2}{4}}\times\overset{1}{2}=\frac{485}{2}=242\frac{1}{2}$ (km)

❸ (정차한 두 기차가 떨어져 있는 거리)

$=120\frac{1}{2}+242\frac{1}{2}=363$ (km)

> **주의**
> ❶, ❷ 두 기차가 이동한 시간이 다르므로 각각 이동한 시간 동안 간 거리를 구해야 한다.
> ❸ 두 기차가 서로 반대 방향으로 출발했으므로 간 거리의 합을 구한다.

**4** ❶ (10일 동안 빨라지는 시간)

$=9\frac{3}{4}\times10=\frac{39}{\underset{2}{4}}\times\overset{5}{10}=\frac{195}{2}=97\frac{1}{2}$ (분)

❷ $97\frac{1}{2}$분$=97\frac{30}{60}$분$=97$분 30초

$=1$시간 37분 30초

❸ (10일 후 오후 5시에 이 시계가 가리키는 시각)

$=$오후 5시$+1$시간 37분 30초

$=$오후 6시 37분 30초

**5** ❶ (5일 동안 느려지는 시간)$=\frac{1}{6}\times5=\frac{5}{6}$(시간)

❷ $\frac{5}{6}$시간$=\frac{50}{60}$시간$=50$분

❸ (5일 후 오후 10시에 이 시계가 가리키는 시각)

$=$오후 10시$-50$분$=$오후 9시 10분

**6** > **전략**
> 시계가 한 시간에 $\frac{13}{20}$분씩 느려지므로 3일 후 오전 11시까지가 시계를 정확하게 맞춘 후 몇 시간 뒤인지 구하자.

❶ (3일 후 오전 11시까지 걸린 시간)

$=24+24+24+3=75$(시간)

❷ (느려지는 시간)$=\frac{13}{20}\times\overset{15}{75}=\frac{195}{4}=48\frac{3}{4}$(분)

❸ $48\frac{3}{4}$분$=48\frac{45}{60}$분$=48$분 45초

❹ (3일 후 오전 11시에 이 시계가 가리키는 시각)

$=$오전 11시$-48$분 45초

$=$오전 10시 11분 15초

---

**1주 5일 복습**　　　　　　　9~10쪽

| | |
|---|---|
| **1** 2가지 | **2** 7가지 |
| **3** 12일 | **4** $\frac{31}{63}$ |

**1** ❶ $\frac{3}{4}\div㉠\times12=\frac{3}{\underset{1}{4}}\times\frac{\overset{3}{12}}{㉠}=\frac{9}{㉠}$

❷ $\frac{9}{㉠}$가 자연수가 되려면 ㉠은 9의 약수여야 한다.

❸ ㉠은 1보다 큰 수이므로 3, 9가 될 수 있다.

→ 2가지

**2** ❶ $45\div㉠\times\frac{14}{15}=\frac{\overset{3}{45}}{㉠}\times\frac{14}{\underset{1}{15}}=\frac{42}{㉠}$

❷ $\frac{42}{㉠}$가 자연수가 되려면 ㉠은 42의 약수여야 한다.

❸ ㉠은 1보다 큰 수이므로 2, 3, 6, 7, 14, 21, 42가 될 수 있다.

→ 7가지

**3** ❶ 세영이가 하루에 하는 일의 양:

전체 일의 $\frac{1}{9}\times\frac{1}{4}=\frac{1}{36}$

❷ 예은이가 하루에 하는 일의 양:

전체 일의 $\frac{1}{6}\times\frac{1}{3}=\frac{1}{18}$

❸ 두 사람이 함께 하루에 하는 일의 양:

전체 일의 $\frac{1}{36}+\frac{1}{18}=\frac{1}{36}+\frac{2}{36}=\frac{3}{36}=\frac{1}{12}$

❹ 따라서 두 사람이 함께 쉬지 않고 일을 모두 한다면 12일 만에 끝마칠 수 있다.

**4** ❶ 정수가 하루에 하는 일의 양: 전체 일의 $\frac{1}{7}$,

형민이가 하루에 하는 일의 양: 전체 일의 $\frac{1}{9}$

❷ 두 사람이 함께 2일 동안 하는 일의 양:

전체 일의 $\left(\frac{1}{7}+\frac{1}{9}\right)\times2=\left(\frac{9}{63}+\frac{7}{63}\right)\times2$

$=\frac{16}{63}\times2=\frac{32}{63}$

❸ 남은 일의 양: 전체 일의 $1-\frac{32}{63}=\frac{31}{63}$

정답과 해설

**29**

## 2주 소수의 곱셈

### 2주 1일 복습  11 ~ 12 쪽

| | |
|---|---|
| **1** 49.5 cm | **2** 60.8 cm |
| **3** 15 m | **4** 1.5 m |
| **5** 10.2 cm | **6** 0.7 km |

**1** ❶ (정오각형 한 개를 만드는 데 사용한 철사의 길이)
$=3.3 \times 5 = 16.5$ (cm)
❷ (정오각형 3개를 만드는 데 사용한 철사의 길이)
$=16.5 \times 3 = 49.5$ (cm)
➡ 지혜가 사용한 철사의 길이: 49.5 cm

**2** 전략
직사각형 한 개의 둘레를 구하고, 그 둘레에 4를 곱하여 직사각형 4개의 둘레를 구한다.

❶ (직사각형 한 개의 둘레)
$=(4.2+3.4) \times 2 = 7.6 \times 2 = 15.2$ (cm)
❷ (직사각형 4개의 둘레의 합)
$=15.2 \times 4 = 60.8$ (cm)
➡ 의빈이가 그린 직사각형 4개의 둘레의 합: 60.8 cm

**3** ❶ (정육각형 한 개를 만드는 데 필요한 끈의 길이)
$=0.35 \times 6 = 2.1$ (m)
❷ (정육각형 7개를 만드는 데 필요한 끈의 길이)
$=2.1 \times 7 = 14.7$ (m)
❸ 필요한 끈이 14.7 m이고 1 m 단위로 판매하므로 최소 15 m 사야 한다.

주의
끈이 모자라지 않으면서 남는 길이가 가장 적게 사야 한다.

**4** ❶ (선물 5개를 포장하는 데 사용한 색 테이프의 길이)
$=0.7 \times 5 = 3.5$ (m)
❷ (남은 색 테이프의 길이)$=5-3.5=1.5$ (m)

**5** ❶ (10.4분 동안 탄 양초의 길이)
$=0.75 \times 10.4 = 7.8$ (cm)
❷ (타고 남은 양초의 길이)
$=18-7.8=10.2$ (cm)

**6** 전략
전체 거리에서 0.8시간 동안 걸은 거리와 0.2시간 동안 달린 거리를 뺀다.

❶ (걸은 거리)$=3.5 \times 0.8 = 2.8$ (km)
❷ (달린 거리)$=7.5 \times 0.2 = 1.5$ (km)
❸ (남은 거리)$=5-2.8-1.5=0.7$ (km)

### 2주 2일 복습  13 ~ 14 쪽

| | |
|---|---|
| **1** 39.9 kg | **2** 112그릇 |
| **3** 303명 | **4** 5060원 |
| **5** 6.3 kg | **6** 44.88 m$^2$ |

**1** ❶ (동욱이의 몸무게)$=35 \times 1.2 = 42$ (kg)
❷ (은경이의 몸무게)$=42 \times 0.95 = 39.9$ (kg)

**2** ❶ (오늘 만든 짜장면 수)
$=100 \times 0.7 + 10 = 70 + 10 = 80$(그릇)

참고
짜장면은 짬뽕의 0.7배보다 10그릇 더 많이
➡ (짜장면 수)=(짬뽕 수)$\times 0.7 + 10$

❷ (오늘 만든 볶음밥 수)$=80 \times 1.4 = 112$(그릇)

**3** ❶ (남학생 수)$=250 \times 1.02 = 255$(명)
❷ (전체 학생 수)$=255+250=505$(명)
❸ (수학을 좋아하는 학생 수)$=505 \times 0.6 = 303$(명)

**4** ❶ (더 오른 가격)$=4400 \times 0.15 = 660$(원)
❷ (올해 가격)$=4400+660=5060$(원)

**5** ❶ (강아지 무게의 0.2배)$=3.5 \times 0.2 = 0.7$ (kg)
(고양이 무게)$=3.5-0.7=2.8$ (kg)
❷ (강아지와 고양이 무게의 합)
$=3.5+2.8=6.3$ (kg)

**6** 전략
만든 텃밭의 가로와 세로의 길이를 각각 구하여 넓이를 구한다.

❶ (더 늘인 가로 길이)$=6 \times 0.7 = 4.2$ (m)
(만든 텃밭의 가로 길이)$=6+4.2=10.2$ (m)
❷ (더 줄인 세로 길이)$=5.5 \times 0.2 = 1.1$ (m)
(만든 텃밭의 세로 길이)$=5.5-1.1=4.4$ (m)
❸ (만든 텃밭의 넓이)$=10.2 \times 4.4 = 44.88$ (m$^2$)

## 2주 3일 복습  15 ~ 16 쪽

| | |
|---|---|
| **1** 7.56 kg | **2** 18 kg |
| **3** 46.4 g | **4** 0.4 kg |
| **5** 5.6 kg | **6** 0.455 kg |

**1**

전략
철근 1 m를 기준으로 무게가 주어졌으므로 180 cm는 몇 m인지 소수로 나타내 철근 180 cm의 무게를 구한다.

❶ 180 cm=1.8 m
❷ (철근 180 cm의 무게)$=4.2×1.8=7.56$ (kg)

참고
(철근 180 cm(=1.8 m)의 무게)=(철근 1 m의 무게)×1.8

**2** ❶ (통나무 1 m의 무게)$=3.6×2=7.2$ (kg)

참고
0.5 m를 2배 하면 1 m이므로 통나무 0.5 m의 무게가 3.6 kg이면 통나무 1 m의 무게는 $3.6×2=7.2$ (kg)이다.

❷ 250 cm=2.5 m
❸ (통나무 250 cm의 무게)$=7.2×2.5=18$ (kg)

**3**

전략
40 cm는 몇 m인지 소수로 나타내 파란색 끈 40 cm의 무게를 구하고, 초록색 끈 1.2 m의 무게를 구한 다음 두 무게를 더한다.

❶ 40 cm=0.4 m
❷ (파란색 끈 40 cm의 무게)
   $=24.5×0.4=9.8$ (g)
❸ (초록색 끈 1.2 m의 무게)
   $=30.5×1.2=36.6$ (g)
❹ (하영이가 준비한 끈의 무게)
   $=9.8+36.6=46.4$ (g)

**4** ❶ (주스 1 L의 무게)$=3.8−2.44=1.36$ (kg)
❷ (주스 2.5 L의 무게)$=1.36×2.5=3.4$ (kg)
❸ (빈 병의 무게)$=3.8−3.4=0.4$ (kg)

참고
❶ (주스 1 L의 무게)
   =(처음에 잰 무게)−(주스 1 L를 마시고 난 후의 무게)
❷ (주스 2.5 L의 무게)=(주스 1 L의 무게)×2.5
❸ (빈 병의 무게)=(처음에 잰 무게)−(주스 2.5 L의 무게)

**5**

전략
페인트 500 mL의 무게를 구하고 이를 이용하여 페인트 1 L의 무게를 구한 다음 페인트 4 L의 무게를 구한다.

❶ (페인트 500 mL의 무게)
   $=5.8−5.1=0.7$ (kg)
❷ (페인트 1 L의 무게)$=0.7×2=1.4$ (kg)
❸ (페인트 4 L의 무게)$=1.4×4=5.6$ (kg)

**6** ❶ (우유 200 mL의 무게)
   $=4.06−3.854=0.206$ (kg)
❷ (우유 1 L의 무게)$=0.206×5=1.03$ (kg)

참고
200 mL의 5배는 1000 mL(=1 L)이다.

❸ (우유 3.5 L의 무게)$=1.03×3.5=3.605$ (kg)
❹ (빈 병의 무게)$=4.06−3.605=0.455$ (kg)

## 2주 4일 복습  17 ~ 18 쪽

| | |
|---|---|
| **1** 2.24 km | **2** 0.94 km |
| **3** 303.8 km | **4** 1.22 km |
| **5** 190 m | **6** 3분 |

**1**

전략
48분은 몇 시간인지 소수로 나타내 혜빈이가 걸은 거리를 구한다.

❶ 48분$=\dfrac{48}{60}$시간$=\dfrac{8}{10}$시간$=0.8$시간

참고
몇 시간인지 소수로 나타내기 위해 분모가 10, 100, ...인 분수로 나타낸다.

❷ (혜빈이가 걸은 거리)$=2.8×0.8=2.24$ (km)

참고
(혜빈이가 걸은 거리)
=(혜빈이가 한 시간 동안 걷는 거리)×(걸은 시간)

**2** ❶ 12분$=\dfrac{12}{60}$시간$=\dfrac{2}{10}$시간$=0.2$시간
❷ (선욱이가 자전거를 타고 간 거리)
   $=10.3×0.2=2.06$ (km)
❸ (더 가야 하는 거리)$=3−2.06=0.94$ (km)

**3**

전략

가 자동차와 나 자동차가 같은 곳에서 동시에 반대 방향으로 달린다면 2시간 27분 후 두 자동차 사이의 거리는 두 자동차가 각각 2시간 27분 동안 달린 거리의 합과 같다.

❶ 2시간 27분 $=2\dfrac{27}{60}$시간 $=2\dfrac{9}{20}$시간 $=2\dfrac{45}{100}$시간
$=2.45$시간

❷ (가 자동차가 달린 거리) $=60\times2.45=147$ (km)
(나 자동차가 달린 거리) $=64\times2.45=156.8$ (km)

❸ (두 자동차 사이의 거리)
$=147+156.8=303.8$ (km)

**4** ❶ 1분 36초 $=1\dfrac{36}{60}$분 $=1\dfrac{6}{10}$분 $=1.6$분

❷ (지하철이 다리를 완전히 건너는 데 이동한 거리)
$=0.85\times1.6=1.36$ (km)

❸ 지하철의 길이는 140 m $=0.14$ km이므로
(다리의 길이) $=1.36-0.14=1.22$ (km)

참고

(다리의 길이)
$=$(지하철이 다리를 완전히 건너는 데 이동한 거리)
$-$(지하철의 길이)

**5** ❶ 2분 45초 $=2\dfrac{45}{60}$분 $=2\dfrac{3}{4}$분 $=2\dfrac{75}{100}$분
$=2.75$분

❷ (기차가 터널을 완전히 통과하는 데 이동한 거리)
$=0.8\times2.75=2.2$ (km)

❸ (기차의 길이) $=2.2-2.01=0.19$ (km)
➡ 190 m

**6**

전략

열차가 49.4 m인 다리를 완전히 건너는 데 이동한 거리와 다리의 길이를 이용하여 열차의 길이를 구하고, 이 열차가 같은 빠르기로 154.4 m인 터널을 완전히 통과하는 데 걸리는 시간을 구한다.

❶ 1분 15초 $=1\dfrac{15}{60}$분 $=1\dfrac{1}{4}$분 $=1\dfrac{25}{100}$분
$=1.25$분

❷ (열차가 다리를 완전히 건너는 데 이동한 거리)
$=60\times1.25=75$ (m)

❸ (열차의 길이) $=75-49.4=25.6$ (m)

❹ (열차가 터널을 완전히 통과하는 데 이동하는 거리)
$=154.4+25.6=180$ (m)이므로

(터널을 완전히 통과하는 데 걸리는 시간)
$=180\div60=3$(분)

참고

(터널을 완전히 통과하는 데 걸리는 시간)
$=$(열차가 터널을 완전히 통과하는 데 이동하는 거리)
$\div$(열차가 1분 동안 달리는 거리)

**2주 5일 복습**     19~20 쪽

| **1** 10.8 L | **2** 24.54 L |
|---|---|
| **3** 6 | **4** 9 |

**1** ❶ 1시간 30분 $=1\dfrac{30}{60}$시간 $=1\dfrac{5}{10}$시간 $=1.5$시간

❷ (1시간 30분 동안 달리는 거리)
$=72\times1.5=108$ (km)

❸ (필요한 휘발유의 양) $=0.1\times108=10.8$ (L)

**2** ❶ 1시간 12분 $=1\dfrac{12}{60}$시간 $=1\dfrac{2}{10}$시간 $=1.2$시간

❷ (1시간 12분 동안 달리는 거리)
$=65\times1.2=78$ (km)

❸ (사용한 휘발유의 양) $=0.07\times78=5.46$ (L)

❹ (남은 휘발유의 양) $=30-5.46=24.54$ (L)

**3** ❶ 소수 한 자리 수를 48개 곱하면 곱은 소수 48자리 수가 된다.
따라서 곱의 소수 48째 자리 숫자는 곱의 소수점 아래 끝자리 숫자이다.

❷ 0.2를 계속 곱하면 곱의 소수점 아래 끝자리 숫자는 2, 4, 8, 6이 반복된다.

❸ $48\div4=12$이므로 곱의 소수 48째 자리 숫자는 6이다.

**4** ❶ 소수 한 자리 수를 50개 곱하면 곱은 소수 50자리 수가 된다.
따라서 곱의 소수 50째 자리 숫자는 곱의 소수점 아래 끝자리 숫자이다.

❷ 0.3을 계속 곱하면 곱의 소수점 아래 끝자리 숫자는 3, 9, 7, 1이 반복된다.

❸ $50\div4=12\cdots2$이므로 곱의 소수 50째 자리 숫자는 9이다.

## 3주 수의 범위와 어림하기/합동과 대칭

### 3주 1일 복습     21 ~ 22 쪽

**1** 3개     **2** 5개

**3** 71, 72, 81, 82, 91, 92

**4** 221개 이상 240개 이하

**5** 280개 이상 320개 이하

**6** 2개 이상 28개 이하

---

**1** ❶ 4 이상 7 미만인 수: 4, 5, 6

> **참고**
> 4 이상 7 미만인 수 ➡ 4와 같거나 크고 7보다 작은 수

❷ 만들 수 있는 수: 94, 95, 96

❸ 지아가 만들 수 있는 수는 모두 3개이다.

**2** ❶ 2 초과 8 미만인 수: 3, 4, 5, 6, 7

> **참고**
> 2 초과 8 미만인 수 ➡ 2보다 크고 8보다 작은 수

❷ 만들 수 있는 수: 5.3, 5.4, 5.5, 5.6, 5.7

> **참고**
>

❸ 수지가 만들 수 있는 수는 모두 5개이다.

**3** ❶ 7 이상 9 이하인 수: 7, 8, 9

❷ 1 이상 3 미만인 수: 1, 2

❸ 서우가 만들 수 있는 수: 71, 72, 81, 82, 91, 92

> **참고**
>

**4** ❶ 딸기 수가 가장 적은 경우:

$20 \times 11 + 1 = 220 + 1 = 221$(개)

> **참고**
> 딸기 수가 가장 적은 경우는 한 상자에 20개씩 11상자에 담고, 12번째 상자에 딸기를 1개만 담을 때이다.

❷ 딸기 수가 가장 많은 경우:

$20 \times 12 = 240$(개)

> **참고**
> 딸기 수가 가장 많은 경우는 한 상자에 20개씩 12상자에 담을 때이다.

❸ 농장에서 수확한 딸기는 221개 이상 240개 이하 이다.

**5** ❶ 담을 수 있는 사탕이 가장 적은 경우:

$35 \times 8 = 280$(개)

> **참고**
> 담을 수 있는 사탕이 가장 적은 경우는 바구니 한 개에 35개씩 8개의 바구니에 담을 때이다.

❷ 담을 수 있는 사탕이 가장 많은 경우:

$40 \times 8 = 320$(개)

> **참고**
> 담을 수 있는 사탕이 가장 많은 경우는 바구니 한 개에 40개씩 8개의 바구니에 담을 때이다.

❸ 담을 수 있는 사탕은 280개 이상 320개 이하이다.

**6**
> **전략**
> 학생 수가 가장 적은 경우의 남는 기념품의 수를 구하고, 학생 수가 가장 많은 경우의 남는 기념품의 수를 구하여 남는 기념품은 몇 개 이상 몇 개 이하인지 구한다.

❶ 학생 수가 가장 적은 경우:

$27 \times 3 + 1 = 81 + 1 = 82$(명)

➡ (남는 기념품의 수) = $110 - 82 = 28$(개)

❷ 학생 수가 가장 많은 경우:

$27 \times 4 = 108$(명)

➡ (남는 기념품의 수) = $110 - 108 = 2$(개)

❸ 남는 기념품은 2개 이상 28개 이하이다.

> **참고**
> 학생 수가 가장 적은 경우에 남는 기념품의 수가 가장 많고, 학생 수가 가장 많은 경우에 남는 기념품의 수가 가장 적다.

# 정답과 해설

| | |
|---|---|
| **1** 13개 | **2** 9000원 |
| **3** 375000원 | **4** 21 |
| **5** 165 이상 175 미만 | **6** 6098명 |

**1** ❶ (필요한 버터의 양)$=70 \times 18 = 1260$ (g)

❷ 버터를 100 g씩 사야 하므로 1260을 올림하여 백의 자리까지 나타내면 1300이다.
따라서 버터는 최소 13개 사야 한다.

> **참고**
> 모자라지 않게 사야 하고, 버터를 한 개에 100 g씩 사야 하므로 필요한 양을 올림하여 백의 자리까지 나타낸다.

> **주의**
> 사야 하는 버터의 개수로 답해야 하므로 1300 g으로 답하지 않도록 주의한다.

**2** ❶ 100원짜리 동전 21개는 2100원, 500원짜리 동전 15개는 7500원이므로 저금통에 있는 돈은 모두 9600원이다.

❷ 9600을 버림하여 천의 자리까지 나타내면 9000이므로 1000원짜리 지폐로 최대 9000원까지 바꿀 수 있다.

> **참고**
> 1000원이 안 되는 돈은 바꿀 수 없으므로 바꿀 수 있는 돈은 버림하여 천의 자리까지 나타낸다.

**3** ❶ (전체 쿠키 수)$=510 + 743 = 1253$(개)

❷ 봉지에 10개씩 담으므로 1253을 버림하여 십의 자리까지 나타내면 1250이다.
따라서 쿠키를 최대 125봉지까지 담을 수 있다.

> **참고**
> 10개가 채워지지 않은 봉지는 팔 수 없으므로 팔 수 있는 쿠키 수는 버림하여 십의 자리까지 나타낸다.
> 이때 팔 수 있는 쿠키는 1250개이고, 125봉지이다.

❸ (봉지에 담은 쿠키를 모두 팔았을 때의 금액)
$= 3000 \times 125 = 375000$(원)
➡ 받을 수 있는 돈은 최대 375000원이다.

**4** ❶ 올림하여 십의 자리까지 나타내었을 때 130이 되는 수의 범위: 120 초과 130 이하

❷ 올림하기 전의 수는 6의 배수이므로 126이다.

❸ 하린이가 생각한 수: $126 \div 6 = 21$

**5** ❶ 124를 반올림하여 십의 자리까지 나타내면 120이다.

❷ 어떤 자연수를 반올림하여 십의 자리까지 나타낸 수는 $290 - 120 = 170$이다.

❸ 반올림하여 십의 자리까지 나타내었을 때 170이 되는 자연수의 범위: 165 이상 175 미만

**6** ❶ 반올림하여 백의 자리까지 나타내었을 때 2400이 되는 수의 범위: 2350 이상 2450 미만

❷ 반올림하여 백의 자리까지 나타내었을 때 3600이 되는 수의 범위: 3550 이상 3650 미만

❸ 어제와 오늘 놀이공원에 입장한 사람은 최대 $2449 + 3649 = 6098$(명)이다.

> **참고**
> 사람 수는 자연수이므로 입장한 사람이 가장 많은 경우는 어제가 2449명, 오늘이 3649명일 때이다.

| | |
|---|---|
| **1** 108 cm$^2$ | **2** 35 cm$^2$ |
| **3** 25 cm$^2$ | **4** 35° |
| **5** 40° | **6** 50° |

**1** ❶ (선분 ㄷㄹ)$=$(선분 ㄴㄹ)$=12$ cm이므로 삼각형 ㄱㄴㄷ의 밑변의 길이는 $12 + 12 = 24$ (cm), 높이는 9 cm이다.

> **참고**
> • 삼각형의 밑변의 길이
> 선대칭도형에서 각각의 대응변의 길이가 서로 같음을 이용하여 변 ㄴㄷ의 길이를 구한다.
> • 삼각형의 높이
> 대응점끼리 이은 선분은 대칭축과 수직으로 만나므로 선분 ㄱㄹ이 높이가 된다.

❷ (삼각형 ㄱㄴㄷ의 넓이)$= 24 \times 9 \div 2 = 108$ (cm$^2$)

**2** ❶ (변 ㅁㄹ)$=$(변 ㄷㄹ)$=$(변 ㄷㄴ)$=10$ cm이므로 밑변의 길이는 10 cm이고,
(변 ㄱㅁ)$=$(변 ㄱㄷ)$=7$ cm이므로 높이는 7 cm이다.

> **참고**
> 변 ㄱㅁ을 밑변, 변 ㅁㄹ을 높이로 생각할 수도 있다.

❷ (색칠한 삼각형의 넓이)$=10 \times 7 \div 2 = 35$ (cm$^2$)

**3** ❶ 삼각형 ㄱㄴㄷ의 밑변이 변 ㄱㄷ일 때
(선분 ㄷㄹ)=(선분 ㄱㄹ)=5 cm이므로
(밑변의 길이)=5+5=10 (cm)이다.
❷ 삼각형 ㄱㄹㄴ에서 (각 ㄱㄹㄴ)=90°,
(각 ㄹㄱㄴ)=180°-90°-45°=45°이므로
삼각형 ㄱㄹㄴ은 이등변삼각형이다.
➡ (삼각형 ㄱㄴㄷ의 높이)=(변 ㄹㄴ)=5 cm

> 참고
> 두 각의 크기가 같은 삼각형은 이등변삼각형이다.
> ➡ (변 ㄱㄹ)=(변 ㄴㄹ)=5 cm

❸ (삼각형 ㄱㄴㄷ의 넓이)
=10×5÷2=25 (cm²)이다.

**4** ❶ (각 ㄹㄱㄴ)=(각 ㄴㄷㄹ)=100°

> 참고
> 점대칭도형에서 각각의 대응각의 크기가 서로 같다.

❷ 삼각형의 세 각의 크기의 합은 180°이므로
삼각형 ㄱㄴㄹ에서
(각 ㄱㄴㄹ)=180°-45°-100°=35°이다.

**5** > 전략
> 점대칭도형에서 각각의 대응각의 크기가 서로 같다는
> 성질을 이용하여 각 ㄹㅇㄱ의 크기를 구하고,
> 삼각형 ㄱㄹㅇ에서 각 ㄱㄹㅇ의 크기를 구한다.

❶ (각 ㄹㅇㄱ)=(각 ㄴㅇㄷ)=100°
❷ 삼각형의 세 각의 크기의 합은 180°이고
삼각형 ㄱㄹㅇ은 이등변삼각형이므로
(각 ㄱㄹㅇ)=(180°-100°)÷2=40°이다.

> 참고
> 점 ㅇ이 원의 중심이고 변 ㄱㅇ, 변 ㄹㅇ, 변 ㄴㅇ, 변 ㄷㅇ은
> 원의 반지름이므로 길이가 모두 같다.

**6** ❶ (각 ㅂㄱㄴ)=(각 ㄷㄱㅁ)=65°
❷ (선분 ㄴㄷ)=(선분 ㄷㅇ)=(선분 ㅇㅂ)=4 cm
이므로 (선분 ㄴㅂ)=4+4+4=12 (cm)이다.

> 참고
> 점대칭도형에서 각각의 대응점에서 대칭의 중심까지 거
> 리가 같다.

❸ 삼각형 세 각의 크기의 합은 180°이고
삼각형 ㄱㄴㅂ은 이등변삼각형이므로
(각 ㄱㄴㄷ)=180°-65°-65°=50°이다.

| **1** 9 cm | **2** 48 cm |
|---|---|
| **3** 63 cm² | **4** 60° |
| **5** 8 cm² | **6** 75° |

**1** > 전략
> 합동인 두 도형에서 각각의 대응변의 길이가 서로 같음
> 을 이용하여 변 ㄱㄹ, 변 ㅅㄹ의 길이를 구하고 이를 이
> 용하여 선분 ㄱㅅ의 길이를 구한다.

❶ (변 ㄱㄹ)=(변 ㅁㄹ)=15 cm
❷ (변 ㅅㄹ)=(변 ㄷㄹ)=6 cm
❸ (선분 ㄱㅅ)=(변 ㄱㄹ)-(변 ㅅㄹ)
=15-6=9 (cm)

**2** ❶ (변 ㄱㄹ)=(변 ㅁㄴ)=20 cm
❷ (변 ㄷㅁ)=(변 ㄷㄱ)=16 cm이므로
(변 ㄷㄹ)=(변 ㄷㅁ)-(선분 ㄹㅁ)
=16-4=12 (cm)
❸ (삼각형 ㄱㄷㄹ의 둘레)=16+12+20=48 (cm)

**3** > 전략
> 삼각형 ㄱㄴㄹ의 넓이에서 삼각형 ㅅㄷㄹ의 넓이를 뺀다.

❶ (변 ㄴㄹ)=(변 ㄷㅁ)=7+7=14 (cm),
(변 ㄱㄹ)=(변 ㅂㅁ)=12 cm이므로
(삼각형 ㄱㄴㄹ의 넓이)
=14×12÷2=84 (cm²)이다.
❷ (변 ㅅㄹ)=(변 ㄱㄹ)-6=12-6=6 (cm),
(변 ㄷㄹ)=7 cm이므로
(삼각형 ㅅㄷㄹ의 넓이)=7×6÷2=21 (cm²)
이다.
❸ (사각형 ㄱㄴㄷㅅ의 넓이)=84-21=63 (cm²)

**4** > 전략
> 삼각형 ㄱㄴㅂ의 세 각의 크기의 합(=180°)에서
> 각 ㄱㄴㅂ의 크기와 각 ㅂㄱㄴ의 크기(=90°)를 뺀다.

❶ (각 ㅁㄴㄹ)=(각 ㄷㄴㄹ)=30°

> 참고
> 종이를 접으면 접기 전에 접힌 부분이 있던 부분의 모양
> 과 접힌 부분의 모양이 서로 합동이다.

❷ (각 ㄱㄴㄷ)=90°이므로
(각 ㄱㄴㅂ)=90°-30°-30°=30°이다.
❸ 삼각형 ㄱㄴㅂ에서 (각 ㅂㄱㄴ)=90°이므로
(각 ㄱㅂㄴ)=180°-90°-30°=60°이다.

**5** ❶ (각 ㅂㅁㄷ)=(각 ㄹㅁㄷ)=90°÷2=45°

❷ (각 ㅂㄷㅁ)=(각 ㄹㄷㅁ)=90°÷2=45°

❸ 오려진 삼각형은 (변 ㅁㅂ)=(변 ㄷㅂ)=4 cm인
이등변삼각형이다.
➡ (오려진 삼각형의 넓이)=4×4÷2=8 (cm²)

**6** ❶ 삼각형 ㅂㄴㄷ에서
(각 ㅂㄴㄷ)=180°−60°−90°=30°이다.

❷ (각 ㅂㄴㄷ)=(각 ㅂㄴㅁ)=30°

❸ (각 ㄱㄴㄷ)=90°이므로
(각 ㄱㄴㅁ)=90°−30°−30°=30°이다.

❹ 삼각형 ㄱㄴㅁ은 (변 ㄱㄴ)=(변 ㅁㄴ)인 이등변
삼각형이므로
(각 ㅁㄱㄴ)=(180°−30°)÷2=75°이다.

> **참고**
> 접기 전 부분과 접은 부분의 길이는 같으므로
> (변 ㄴㄷ)=(변 ㄴㅁ)이고,
> 정사각형 모양의 색종이이므로 (변 ㄴㄷ)=(변 ㄴㄱ)이다.
> ➡ (변 ㄴㅁ)=(변 ㄴㄱ)

---

### 3주 5일 복습  29~30쪽

| **1** 66 cm | **2** 4 cm |
|---|---|
| **3** 6개 | **4** 6개 |

**1** ❶ 점대칭도형 완성하기

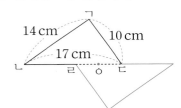

> **참고**
> • 점대칭도형 그리기
> ① 각 점에서 대칭의 중심을 지나는 직선을 긋는다.
> ② 이 직선에 각 점에서 대칭의 중심까지의 거리와 같
> 도록 대응점을 찾아 표시한다.
> ③ 각 대응점을 차례로 이어 점대칭도형이 되도록 그
> 린다.

❷ (선분 ㅇㄷ)=(선분 ㅇㄹ)=4 cm이므로
(선분 ㄴㄹ)=17−4−4=9 (cm)이다.

❸ (점대칭도형의 둘레)
=(10+14+9)×2=66 (cm)

**2** ❶ 점대칭도형 완성하기

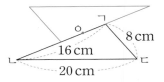

❷ 선분 ㅇㄱ의 길이를 □ cm라 하면
(점대칭도형의 둘레)
=(8+20+16)×2−□×4=72

> **참고**
> 점대칭도형의 둘레는 삼각형 ㄱㄴㄷ의 둘레의 길이의
> 2배에서 선분 ㅇㄱ의 4배를 뺀 것과 같다.

❸ 88−□×4=72, □×4=16, □=4이므로
선분 ㅇㄱ은 4 cm이다.

**3** > **전략**
> 반올림하여 천의 자리까지 나타냈을 때 40000이 되는 경우
> • 3□□□ ➡ 4000
>   5, 6, 7, 8, 9가 들어갈 수 있다.
> • 4□□□ ➡ 4000
>   0, 1, 2, 3, 4가 들어갈 수 있다.
> 각각의 경우 수 카드가 없거나 겹치는 경우는 제외하고
> 모두 찾아본다.

❶ 천의 자리 숫자가 될 수 있는 수는 3, 4이다.

❷ • 천의 자리 숫자가 3인 경우: 백의 자리 숫자는
6이 될 수 있다.
➡ 3614, 3641
• 천의 자리 숫자가 4인 경우: 백의 자리 숫자는
1, 3이 될 수 있다.
➡ 4136, 4163, 4316, 4361

❸ 만들 수 있는 수 중에서 반올림하여 천의 자리까지
나타내면 4000이 되는 수는 모두 2+4=6(개)
이다.

**4** ❶ 천의 자리 숫자는 4, 백의 자리 숫자가 될 수 있는
수는 2, 3이다.

❷ • 백의 자리 숫자가 2인 경우: 십의 자리 숫자는
5, 6이 될 수 있다.
➡ 4253, 4256, 4263, 4265
• 백의 자리 숫자가 3인 경우: 십의 자리 숫자는
2가 될 수 있다.
➡ 4325, 4326

❸ 만들 수 있는 수 중에서 반올림하여 백의 자리까지
나타내면 4300이 되는 수는 모두 4+2=6(개)
이다.

# 정답과 해설

**4주** 평균과 가능성 / 직육면체

**4주 1일 복습** **31~32** 쪽

> **1** $\dfrac{1}{2}$  **2** 0  **3** $\dfrac{1}{2}$
>
> **4** ㉠  **5** ㉢

**1** ❶ 주사위를 굴려 나올 수 있는 눈의 수:
　1, 2, 3, 4, 5, 6
　나온 눈의 수가 홀수인 경우: 1, 3, 5
　❷ 나온 눈의 수가 홀수일 가능성은
　'반반이다'이며, 수로 표현하면 $\dfrac{1}{2}$이다.

**2** ❶ 바둑돌을 꺼낼 때 나올 수 있는 바둑돌:
　흰색 바둑돌
　꺼낸 바둑돌이 흰색이 아닌 경우: 없다.
　❷ 꺼낸 바둑돌이 흰색이 아닐 가능성은
　'불가능하다'이며, 수로 표현하면 0이다.

**3** ❶ (필통 속에 들어 있는 전체 연필 수)
　＝4＋4＋8＝16(자루)
　(초록색 연필 수)＝8자루
　❷ 꺼낸 연필이 초록색 연필일 가능성은
　'반반이다'이며, 수로 표현하면 $\dfrac{1}{2}$이다.

**4** ❶ ㉠ 꺼낸 수 카드의 수가 4 이상인 경우:
　　4, 5, 6
　　➡ 가능성: 반반이다
　❷ ㉡ 꺼낸 수 카드의 수가 8인 경우: 없다.
　　➡ 가능성: 불가능하다
　❸ 일이 일어날 가능성이 더 높은 것: ㉠

**5** ❶ ㉠ 뽑은 수 카드의 수가 홀수인 경우:
　　1, 3, 5, 7, 9
　　➡ 가능성: 반반이다
　❷ ㉡ 뽑은 수 카드의 수가 10 이하인 경우:
　　1, 2, 3, 4, 5, 6, 7, 8, 9, 10
　　➡ 가능성: 확실하다
　❸ ㉢ 뽑은 수 카드의 수가 13인 경우: 없다.
　　➡ 가능성: 불가능하다
　❹ 일이 일어날 가능성이 가장 낮은 것: ㉢

**4주 2일 복습** **33~34** 쪽

> **1** 영지네 가족  **2** 39 kg
>
> **3** 현수  **4** 3200원
>
> **5** 84 km  **6** 1 cm

**1** 〔전략〕
　영지네 가족 한 명이 딴 사과 무게의 평균과 수호네 가족 한 명이 딴 사과 무게의 평균을 각각 구해 비교하자.

　❶ (영지네 가족 한 명이 딴 사과 무게의 평균)
　　＝52÷4＝13 (kg)
　❷ (수호네 가족 한 명이 딴 사과 무게의 평균)
　　＝60÷5＝12 (kg)
　❸ 13＞12이므로 한 명당 딴 사과 무게의 평균이 더 높은 가족은 영지네 가족이다.

**2** ❶ (연진이네 모둠의 몸무게의 평균)
　　＝(34＋38＋41＋35)÷4
　　＝148÷4＝37 (kg)
　❷ (준환이네 모둠의 몸무게의 평균)
　　＝(37＋43＋34＋42)÷4
　　＝156÷4＝39 (kg)
　❸ 37＜39이므로 몸무게의 평균이 더 높은 모둠은 준환이네 모둠으로 39 kg이다.

　〔참고〕
　두 모둠의 학생 수가 같으므로 각 모둠의 몸무게의 합만 구해 비교해도 평균이 더 높은 모둠이 어느 모둠인지 알 수 있다.

**3** ❶ (현수의 100 m 달리기 기록의 평균)
　　＝(17＋18＋21＋22＋20＋16)÷6
　　＝114÷6＝19(초)
　❷ (경아의 100 m 달리기 기록의 평균)
　　＝(18＋19＋20＋25＋23)÷5
　　＝105÷5＝21(초)
　❸ 19＜21이므로 100 m 달리기 기록의 평균이 더 빠른 사람은 현수이다.

　〔주의〕
　100 m 달리기는 기록의 평균이 낮을수록 더 빨리 달린 것이다.

**4**

전략
희주네 반 학생들이 가지고 있는 돈의 합을 희주네 반 학생 수로 나누자.

❶ (남학생들이 가지고 있는 돈의 합)
   $=3000 \times 10=30000$(원)
   (여학생들이 가지고 있는 돈의 합)
   $=3450 \times 8=27600$(원)

❷ (희주네 반 학생들이 가지고 있는 돈의 합)
   $=30000+27600=57600$(원)
   (희주네 반 학생 수)$=18$명

❸ (희주네 반 학생들이 가지고 있는 돈의 평균)
   $=57600 \div 18=3200$(원)

주의
남학생 수와 여학생 수가 다르므로 희주네 반 학생들이 가지고 있는 돈의 평균을 $(3000+3450) \div 2$로 구하지 않도록 주의한다.

**5**

전략
$300\,\mathrm{km}$를 가는 데 걸린 시간과 $540\,\mathrm{km}$을 가는 데 걸린 시간을 먼저 구하자.

❶ ($300\,\mathrm{km}$를 가는 데 걸린 시간)
   $=300 \div 75=4$(시간)
   ($540\,\mathrm{km}$를 가는 데 걸린 시간)
   $=540 \div 90=6$(시간)

❷ (달린 전체 거리)
   $=300+540=840\,\mathrm{(km)}$
   (전체 걸린 시간)$=4+6=10$(시간)

❸ (한 시간 동안 달린 거리의 평균)
   $=840 \div 10=84\,\mathrm{(km)}$

**6** ❶ (은혁이네 모둠 학생 7명의 키의 합)
   $=157 \times 7=1099\,\mathrm{(cm)}$

❷ (2명이 늘어난 은혁이네 모둠 학생들의 키의 평균)
   $=(1099+159+164) \div (7+2)$
   $=1422 \div 9=158\,\mathrm{(cm)}$

❸ (늘어난 평균)$=158-157=1\,\mathrm{(cm)}$

참고
❷ (2명이 늘어난 은혁이네 모둠 학생들의 키의 평균)
   =(은혁이네 모둠 학생 7명의 키의 합＋새로운 학생 2명의 키)÷(2명이 늘어난 은혁이네 모둠 학생 수)

---

**4주 3일 복습**    **35~36 쪽**

| | |
|---|---|
| **1** 120마리 | **2** 수요일 |
| **3** 45살 | **4** 47초 |
| **5** 160 cm | |

**1** ❶ (네 목장의 양의 수의 합)$=150 \times 4=600$(마리)

❷ (ⓒ 목장의 양의 수)
   $=600-(180+125+175)$
   $=600-480=120$(마리)

**2** ❶ (연주의 공부 시간의 평균)
   $=$(선우의 공부 시간의 평균)$=50$분

❷ (연주의 공부 시간의 합)$=50 \times 4=200$(분)

❸ (연주의 수요일 공부 시간)
   $=200-(45+58+53)$
   $=200-156=44$(분)

❹ $44<45<53<58$이므로 연주의 공부 시간이 가장 짧았던 날은 수요일이다.

**3** ❶ (늘어난 평균)$=27-24=3$(살)

❷ (새로운 회원의 나이)$=24+3 \times 7=45$(살)

다르게 풀기
❶ (처음 동아리 회원 6명의 나이의 합)
   $=24 \times 6=144$(살)

❷ (한 명이 더 들어온 후 동아리 회원 7명의 나이의 합)
   $=27 \times 7=189$(살)

❸ (새로운 회원의 나이)$=189-144=45$(살)

**4** ❶ (빨라진 평균)$=52-51=1$(초)

❷ (5회 때 잰 수영 기록)$=52-1 \times 5=47$(초)

다르게 풀기
❶ (4회까지 잰 수영 기록의 합)
   $=52 \times 4=208$(초)

❷ (5회까지 잰 수영 기록의 합)
   $=51 \times 5=255$(초)

❸ (5회 때 잰 수영 기록)$=255-208=47$(초)

**5** ❶ (전학생이 들어오기 전 아라네 모둠의 키의 평균)
   $=(142+150+147+145) \div 4$
   $=584 \div 4=146\,\mathrm{(cm)}$

❷ (전학생의 키)$=146+2.8 \times 5=160\,\mathrm{(cm)}$

## 4주 4일 복습 37~38쪽

| | |
|---|---|
| **1** 40 cm | **2** 77 cm² |
| **3** 144 cm² | **4** 76 cm |
| **5** 145 cm | **6** 30 cm |

**1** ❶ (한 모서리의 길이)=120÷12=10 (cm)
　❷ (한 면의 네 변의 길이의 합)
　　=10×4=40 (cm)

**2** ❶ (7+5+㉠)×4=92,
　　7+5+㉠=92÷4=23
　❷ 7+5+㉠=23, 12+㉠=23, ㉠=23−12,
　　㉠=11
　❸ (색칠한 면의 넓이)=11×7=77 (cm²)

**3** ❶ (정육면체의 모든 모서리의 길이의 합)
　　=(직육면체의 모든 모서리의 길이의 합)
　　=(15+12+9)×4=36×4=144 (cm)
　❷ (정육면체의 한 모서리의 길이)
　　=144÷12=12 (cm)
　❸ (정육면체의 한 면의 넓이)
　　=12×12=144 (cm²)

**4** ❶ 길이가 13 cm인 곳: 2군데
　　길이가 9 cm인 곳: 2군데
　　길이가 8 cm인 곳: 4군데
　❷ 필요한 색 테이프의 길이는 적어도
　　13×2+9×2+8×4=76 (cm)이다.

**5** ❶ 길이가 13 cm인 곳: 2군데
　　길이가 16 cm인 곳: 4군데
　　길이가 15 cm인 곳: 2군데
　❷ (상자를 둘러싸는 데 사용한 끈의 길이)
　　=13×2+16×4+15×2=120 (cm)
　❸ 상자를 포장하는 데 사용한 끈의 길이는 적어도
　　120+25=145 (cm)이다.

**6** ❶ 정육면체이므로 길이가 30 cm인 곳이 8군데 있다.
　❷ (상자를 둘러싸는 데 사용한 끈의 길이)
　　=30×8=240 (cm)
　❸ (매듭을 묶는 데 사용한 끈의 길이)
　　=270−240=30 (cm)

## 4주 5일 복습 39~40쪽

| | |
|---|---|
| **1** 992 | **2** 255 |
| **3** 26 | **4** 28 |

**1** ❶ 마주 보는 면에 쓰여 있는 두 수:
　　30과 35, 33과 32, 34와 31
　❷ 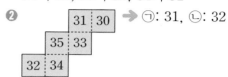 ➡ ㉠: 31, ㉡: 32
　❸ ㉠×㉡=31×32=992

**2** ❶ 마주 보는 면에 쓰여 있는 두 수:
　　14와 19, 16과 17, 18과 15
　❷  ➡ ㉠: 17, ㉡: 15
　❸ ㉠×㉡=17×15=255

**3** ❶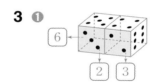
　❷ 색칠한 면과 수직인 면의 눈의 수를 모두 쓰면
　　4, 5, 6, 2, 3, 6이므로 합은 26이다.

**4** ❶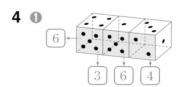
　❷ 색칠한 면과 수직인 면의 눈의 수를 모두 쓰면
　　3, 1, 4, 6, 3, 6, 4, 1이므로 합은 28이다.

끝!

초등 수학
라인업

난이도

최상

최강 TOT

심화

최고 수준

최고 수준

최고 수준 S

일등전략

모든 응용을
다 푸는
해결의 법칙
응용 해결의 법칙

수학도
독해가 힘이다

초등 문해력
독해가 힘이다
[문장제 수학편]

유형

수학 전략

모든 유형을
다 담은
해결의 법칙
유형 해결의 법칙

어떤
교과서를
쓰더라도
언제나
우등생
우등생 해법수학

개념

개념클릭

모든 개념을
다 보는
해결의 법칙
개념 해결의 법칙

똑똑한 하루 시리즈 [수학/계산/도형/사고력]

기초
연산

계산박사

빅터연산

최하

평가 대비
특화 교재

수학 단원평가

해법수학
경시대회 기출문제

해법 예비 중학
신입생 수학

정답은
이안에
있어!

## 수학 전문 교재

### ●연산 학습
**빅터연산**                     예비초~6학년, 총 20권
**창의융합 빅터연산**            예비초~4학년, 총 16권

### ●개념 학습
**개념클릭 해법수학**            1~6학년, 학기용

### ●수준별 수학 전문서
**해결의법칙(개념/유형/응용)**   1~6학년, 학기용

### ●단원평가 대비
**수학 단원평가**               1~6학년, 학기용

### ●단기완성 학습
**초등 수학전략**               1~6학년, 학기용

### ●상위권 학습
**최고수준 S 수학**             1~6학년, 학기용
**최고수준 수학**               1~6학년, 학기용
**최강 TOT 수학**              1~6학년, 학년용

### ●경시대회 대비
**해법 수학경시대회 기출문제**   1~6학년, 학기용

## 예비 중등 교재

●**해법 반편성 배치고사 예상문제**   6학년
●**해법 신입생 시리즈(수학/영어)**   6학년

## 맞춤형 학교 시험대비 교재

●**열공 전과목 단원평가**   1~6학년, 학기용(1학기 2~6년)

## 한자 교재

●**한자능력검정시험 자격증 한번에 따기**   8~3급, 총 9권
●**씽씽 한자 자격시험**                    8~5급, 총 4권
●**한자 전략**                            8~5급Ⅱ, 총 12권

# 배움으로 행복한 내일을 꿈꾸는
# 천재교육 커뮤니티 안내

교재 안내부터 구매까지 한 번에!
## 천재교육 홈페이지

자사가 발행하는 참고서, 교과서에 대한 소개는 물론
도서 구매도 할 수 있습니다. 회원에게 지급되는 별을 모아
다양한 상품 응모에도 도전해 보세요!

다양한 교육 꿀팁에 깜짝 이벤트는 덤!
## 천재교육 인스타그램

천재교육의 새롭고 중요한 소식을 가장 먼저 접하고 싶다면?
천재교육 인스타그램 팔로우가 필수!
깜짝 이벤트도 수시로 진행되니 놓치지 마세요!

수업이 편리해지는
## 천재교육 ACA 사이트

오직 선생님만을 위한, 천재교육 모든 교재에 대한 정보가 담긴
아카 사이트에서는 다양한 수업자료 및 부가 자료는 물론
시험 출제에 필요한 문제도 다운로드하실 수 있습니다.

https://aca.chunjae.co.kr

천재교육을 사랑하는 샘들의 모임
## 천사샘

학원 강사, 공부방 선생님이시라면 누구나 가입할 수 있는 천사샘!
교재 개발 및 평가를 통해 교재 검토진으로 참여할 수 있는 기회는 물론
다양한 교사용 교재 증정 이벤트가 선생님을 기다립니다.

아이와 함께 성장하는 학부모들의 모임공간
## 튠맘 학습연구소

튠맘 학습연구소는 초·중등 학부모를 대상으로 다양한 이벤트와 함께
교재 리뷰 및 학습 정보를 제공하는 네이버 카페입니다.
초등학생, 중학생 자녀를 둔 학부모님이라면 튠맘 학습연구소로 오세요!